This book belongs to :

_____

Text copyright © 2023 by Math Everywhere

Cover image and Illustrations – freepik via www.freepik.com

All right reserved. No part of this book may be reproduced, scanned, downloaded, decompiled, reserve engineered, stored in a retrieval system, or transmitted in any form or by any means, electronic, mechanical, photocopying, recording or otherwise, without the prior written permission of the author. Piracy of copyrighted materials is a criminal offense. Purchase only authorized editions.

TABLE OF CONTENTS

Addition Level 1 1-15

Addition Level 2 16-30

Addition Level 3 31-45

Substraction Level 1 46-60

Substraction Level 2 61-75

Substraction Level 3 76-90

Solutions 91-102

Time :   Name :   Date :   Score /40

1) 5 + 7
2) 1 + 2
3) 2 + 4
4) 4 + 8
5) 8 + 2

6) 2 + 8
7) 7 + 3
8) 7 + 2
9) 7 + 8
10) 6 + 7

11) 8 + 4
12) 8 + 7
13) 2 + 1
14) 2 + 2
15) 2 + 4

16) 7 + 3
17) 1 + 9
18) 7 + 4
19) 7 + 2
20) 8 + 4

21) 7 + 8
22) 8 + 4
23) 4 + 6
24) 6 + 5
25) 2 + 4

26) 2 + 3
27) 4 + 4
28) 8 + 8
29) 0 + 9
30) 3 + 2

31) 3 + 3
32) 6 + 4
33) 6 + 8
34) 5 + 9
35) 7 + 5

36) 4 + 4
37) 2 + 2
38) 2 + 7
39) 5 + 4
40) 3 + 6

Addition Level 1 - Math Everywhere

Time	Name :		Score
:	Date :		/40

41) 6 + 3

42) 1 + 0

43) 2 + 6

44) 3 + 5

45) 2 + 8

46) 3 + 6

47) 5 + 5

48) 7 + 7

49) 3 + 7

50) 9 + 0

51) 8 + 8

52) 1 + 2

53) 6 + 2

54) 5 + 3

55) 8 + 3

56) 5 + 0

57) 8 + 5

58) 1 + 1

59) 4 + 6

60) 1 + 5

61) 7 + 8

62) 8 + 3

63) 1 + 4

64) 9 + 1

65) 2 + 3

66) 3 + 1

67) 2 + 2

68) 7 + 9

69) 3 + 9

70) 9 + 3

71) 9 + 5

72) 8 + 8

73) 3 + 2

74) 7 + 9

75) 8 + 3

76) 8 + 3

77) 0 + 8

78) 2 + 2

79) 6 + 4

80) 4 + 4

Addition Level 1 - Math Everywhere

Time	Name :		Score
:	Date :		/40

81) 3 + 7

82) 1 + 3

83) 1 + 4

84) 0 + 9

85) 5 + 2

86) 4 + 5

87) 2 + 9

88) 5 + 7

89) 4 + 7

90) 1 + 3

91) 1 + 9

92) 0 + 8

93) 5 + 4

94) 8 + 5

95) 7 + 7

96) 8 + 1

97) 3 + 8

98) 6 + 7

99) 8 + 5

100) 4 + 6

101) 3 + 2

102) 7 + 7

103) 5 + 4

104) 1 + 5

105) 4 + 4

106) 4 + 1

107) 2 + 8

108) 3 + 3

109) 1 + 5

110) 1 + 7

111) 8 + 4

112) 4 + 8

113) 3 + 0

114) 2 + 6

115) 2 + 5

116) 2 + 3

117) 4 + 3

118) 8 + 0

119) 6 + 7

120) 4 + 3

Addition Level 1 - Math Everywhere

Time :	Name : Date :			Score /40

121) 2 + 9

122) 0 + 8

123) 8 + 7

124) 7 + 2

125) 8 + 1

126) 6 + 5

127) 7 + 5

128) 6 + 9

129) 7 + 5

130) 6 + 7

131) 3 + 1

132) 2 + 2

133) 7 + 3

134) 5 + 2

135) 5 + 3

136) 0 + 8

137) 4 + 7

138) 8 + 8

139) 5 + 2

140) 4 + 8

141) 7 + 4

142) 4 + 8

143) 7 + 6

144) 6 + 4

145) 9 + 4

146) 8 + 7

147) 7 + 4

148) 3 + 2

149) 2 + 8

150) 5 + 0

151) 3 + 9

152) 3 + 8

153) 3 + 6

154) 2 + 6

155) 6 + 2

156) 4 + 6

157) 7 + 5

158) 1 + 5

159) 6 + 8

160) 6 + 2

Addition Level 1 - Math Everywhere

Time	Name :		Score
:	Date :		/40

161) 4
    + 6
    ---

162) 7
    + 2
    ---

163) 9
    + 3
    ---

164) 7
    + 8
    ---

165) 9
    + 1
    ---

166) 8
    + 3
    ---

167) 5
    + 5
    ---

168) 9
    + 7
    ---

169) 1
    + 6
    ---

170) 1
    + 8
    ---

171) 4
    + 6
    ---

172) 4
    + 1
    ---

173) 4
    + 7
    ---

174) 1
    + 7
    ---

175) 1
    + 2
    ---

176) 5
    + 3
    ---

177) 2
    + 2
    ---

178) 8
    + 6
    ---

179) 8
    + 4
    ---

180) 9
    + 6
    ---

181) 5
    + 8
    ---

182) 7
    + 8
    ---

183) 5
    + 8
    ---

184) 7
    + 6
    ---

185) 1
    + 6
    ---

186) 1
    + 4
    ---

187) 8
    + 3
    ---

188) 2
    + 4
    ---

189) 5
    + 4
    ---

190) 4
    + 8
    ---

191) 3
    + 4
    ---

192) 1
    + 1
    ---

193) 0
    + 4
    ---

194) 8
    + 4
    ---

195) 3
    + 4
    ---

196) 6
    + 8
    ---

197) 2
    + 1
    ---

198) 4
    + 6
    ---

199) 4
    + 6
    ---

200) 2
    + 0

Addition Level 1 - Math Everywhere

Time	Name:	Score
:	Date:	/40

201) 5 + 5

202) 3 + 2

203) 7 + 7

204) 5 + 8

205) 6 + 6

206) 9 + 0

207) 5 + 2

208) 5 + 5

209) 2 + 6

210) 8 + 3

211) 7 + 9

212) 1 + 2

213) 1 + 6

214) 9 + 3

215) 3 + 1

216) 8 + 4

217) 8 + 3

218) 3 + 8

219) 7 + 2

220) 2 + 4

221) 8 + 4

222) 0 + 3

223) 7 + 8

224) 4 + 3

225) 4 + 5

226) 1 + 4

227) 6 + 7

228) 6 + 2

229) 9 + 7

230) 1 + 6

231) 5 + 3

232) 5 + 5

233) 8 + 5

234) 4 + 6

235) 3 + 1

236) 7 + 5

237) 1 + 4

238) 2 + 2

239) 2 + 3

240) 2 + 4

Addition Level 1 - Math Everywhere

241) 0 + 3	242) 3 + 4	243) 8 + 2	244) 1 + 1	245) 7 + 3
246) 4 + 9	247) 0 + 8	248) 5 + 0	249) 1 + 4	250) 4 + 5
251) 2 + 2	252) 6 + 0	253) 8 + 1	254) 4 + 3	255) 6 + 7
256) 3 + 0	257) 6 + 8	258) 6 + 0	259) 4 + 5	260) 2 + 9
261) 2 + 6	262) 6 + 5	263) 6 + 2	264) 5 + 9	265) 3 + 2
266) 2 + 0	267) 8 + 7	268) 2 + 3	269) 8 + 4	270) 3 + 7
271) 6 + 3	272) 2 + 7	273) 2 + 7	274) 4 + 5	275) 6 + 8
276) 2 + 6	277) 6 + 1	278) 6 + 1	279) 9 + 4	280) 3 + 3

Addition Level 1 - Math Everywhere

Time	Name :		Score
:	Date :		/40

281) 0
    + 7
    ___

282) 4
    + 7
    ___

283) 3
    + 7
    ___

284) 7
    + 1
    ___

285) 4
    + 5
    ___

286) 1
    + 1
    ___

287) 4
    + 0
    ___

288) 1
    + 4
    ___

289) 1
    + 8
    ___

290) 8
    + 1
    ___

291) 7
    + 2
    ___

292) 4
    + 5
    ___

293) 6
    + 8
    ___

294) 0
    + 4
    ___

295) 3
    + 3
    ___

296) 3
    + 1
    ___

297) 8
    + 6
    ___

298) 0
    + 7
    ___

299) 1
    + 1
    ___

300) 6
    + 8
    ___

301) 5
    + 8
    ___

302) 7
    + 3
    ___

303) 1
    + 1
    ___

304) 4
    + 4
    ___

305) 0
    + 1
    ___

306) 3
    + 6
    ___

307) 5
    + 3
    ___

308) 2
    + 7
    ___

309) 1
    + 0
    ___

310) 3
    + 4
    ___

311) 4
    + 7
    ___

312) 3
    + 8
    ___

313) 7
    + 3
    ___

314) 1
    + 7
    ___

315) 5
    + 7
    ___

316) 1
    + 1
    ___

317) 1
    + 1
    ___

318) 6
    + 2
    ___

319) 0
    + 5
    ___

320) 8
    + 2
    ___

Addition Level 1 - Math Everywhere

Time : Name : Score
Date : /40

321) 5 + 3	322) 1 + 8	323) 2 + 1	324) 2 + 7	325) 0 + 9
326) 8 + 9	327) 1 + 2	328) 4 + 3	329) 1 + 2	330) 7 + 7
331) 8 + 3	332) 2 + 0	333) 1 + 1	334) 5 + 9	335) 8 + 3
336) 5 + 8	337) 8 + 8	338) 1 + 6	339) 7 + 3	340) 1 + 6
341) 8 + 2	342) 1 + 5	343) 4 + 1	344) 5 + 4	345) 5 + 9
346) 0 + 5	347) 9 + 2	348) 7 + 3	349) 0 + 6	350) 4 + 0
351) 0 + 8	352) 6 + 2	353) 6 + 5	354) 7 + 3	355) 7 + 7
356) 8 + 0	357) 1 + 1	358) 5 + 9	359) 5 + 0	360) 5 + 5

Addition Level 1 - Math Everywhere

Time	Name :		Score
:	Date :		/40

361) 1 + 8

362) 2 + 4

363) 9 + 5

364) 4 + 3

365) 1 + 4

366) 3 + 7

367) 3 + 3

368) 2 + 6

369) 9 + 4

370) 5 + 8

371) 4 + 2

372) 8 + 9

373) 7 + 3

374) 5 + 2

375) 3 + 5

376) 4 + 1

377) 8 + 4

378) 2 + 3

379) 1 + 5

380) 5 + 4

381) 6 + 0

382) 2 + 4

383) 3 + 9

384) 3 + 9

385) 9 + 1

386) 7 + 6

387) 1 + 0

388) 6 + 5

389) 2 + 7

390) 3 + 8

391) 4 + 7

392) 5 + 7

393) 0 + 3

394) 8 + 6

395) 2 + 2

396) 6 + 8

397) 5 + 5

398) 8 + 2

399) 2 + 6

400) 9 + 1

Addition Level 1 - Math Everywhere

Time :   Name :   Date :   Score /40

401) 7 + 8	402) 2 + 2	403) 0 + 3	404) 2 + 6	405) 1 + 3
406) 6 + 2	407) 4 + 6	408) 6 + 4	409) 5 + 1	410) 3 + 0
411) 1 + 8	412) 5 + 8	413) 4 + 3	414) 2 + 5	415) 5 + 6
416) 0 + 7	417) 8 + 5	418) 6 + 9	419) 1 + 7	420) 8 + 8
421) 1 + 6	422) 2 + 4	423) 5 + 1	424) 2 + 1	425) 6 + 4
426) 8 + 9	427) 1 + 2	428) 9 + 7	429) 0 + 2	430) 5 + 6
431) 0 + 1	432) 6 + 2	433) 6 + 5	434) 4 + 8	435) 8 + 8
436) 3 + 1	437) 5 + 3	438) 2 + 5	439) 2 + 0	440) 0 + 2

Addition Level 1 - Math Everywhere

441) 4 + 9	442) 9 + 4	443) 6 + 4	444) 8 + 3	445) 1 + 9
446) 8 + 1	447) 4 + 8	448) 6 + 2	449) 1 + 2	450) 3 + 5
451) 3 + 6	452) 2 + 2	453) 6 + 7	454) 3 + 1	455) 2 + 1
456) 5 + 5	457) 2 + 0	458) 4 + 7	459) 7 + 2	460) 2 + 4
461) 7 + 8	462) 9 + 6	463) 6 + 5	464) 7 + 6	465) 1 + 1
466) 6 + 7	467) 1 + 5	468) 6 + 6	469) 3 + 2	470) 7 + 4
471) 4 + 6	472) 2 + 3	473) 0 + 2	474) 5 + 6	475) 6 + 8
476) 0 + 8	477) 5 + 0	478) 3 + 9	479) 4 + 1	480) 8 + 5

Addition Level 1 - Math Everywhere

Time	Name:	Score
:	Date:	/40

481) 4 + 3

482) 6 + 0

483) 7 + 1

484) 9 + 1

485) 2 + 2

486) 0 + 4

487) 8 + 4

488) 6 + 6

489) 4 + 6

490) 7 + 2

491) 4 + 8

492) 1 + 1

493) 5 + 1

494) 1 + 9

495) 1 + 1

496) 9 + 5

497) 4 + 8

498) 2 + 7

499) 7 + 2

500) 3 + 5

501) 0 + 3

502) 4 + 6

503) 3 + 6

504) 7 + 7

505) 1 + 9

506) 2 + 2

507) 1 + 1

508) 8 + 9

509) 8 + 2

510) 3 + 2

511) 6 + 7

512) 1 + 1

513) 6 + 8

514) 1 + 0

515) 1 + 1

516) 6 + 1

517) 3 + 1

518) 1 + 3

519) 2 + 6

520) 1 + 7

Addition Level 1 - Math Everywhere

Time :

Name :
Date :

Score /40

521) 5 + 2	522) 3 + 4	523) 8 + 7	524) 2 + 2	525) 5 + 7
526) 3 + 2	527) 0 + 3	528) 9 + 7	529) 9 + 1	530) 8 + 8
531) 8 + 9	532) 8 + 2	533) 1 + 3	534) 7 + 5	535) 9 + 9
536) 6 + 3	537) 6 + 0	538) 7 + 3	539) 2 + 0	540) 8 + 4
541) 7 + 5	542) 8 + 1	543) 3 + 8	544) 6 + 7	545) 1 + 4
546) 4 + 1	547) 5 + 5	548) 1 + 1	549) 2 + 8	550) 3 + 8
551) 1 + 8	552) 2 + 1	553) 8 + 8	554) 1 + 2	555) 3 + 4
556) 1 + 1	557) 9 + 6	558) 6 + 8	559) 7 + 0	560) 1 + 2

Addition Level 1 - Math Everywhere

Time	Name :		Score
:	Date :		/40

561)   1
     + 6
     ___

562)   4
     + 8
     ___

563)   5
     + 2
     ___

564)   6
     + 7
     ___

565)   7
     + 5
     ___

566)   1
     + 8
     ___

567)   6
     + 5
     ___

568)   4
     + 0
     ___

569)   3
     + 8
     ___

570)   5
     + 6
     ___

571)   3
     + 6
     ___

572)   6
     + 9
     ___

573)   8
     + 6
     ___

574)   4
     + 2
     ___

575)   5
     + 2
     ___

576)   7
     + 2
     ___

577)   2
     + 7
     ___

578)   8
     + 4
     ___

579)   1
     + 4
     ___

580)   4
     + 3
     ___

581)   8
     + 2
     ___

582)   1
     + 8
     ___

583)   8
     + 2
     ___

584)   2
     + 4
     ___

585)   5
     + 5
     ___

586)   2
     + 7
     ___

587)   5
     + 9
     ___

588)   1
     + 1
     ___

589)   7
     + 7
     ___

590)   0
     + 8
     ___

591)   2
     + 8
     ___

592)   6
     + 0
     ___

593)   3
     + 6
     ___

594)   1
     + 4
     ___

595)   1
     + 1
     ___

596)   8
     + 7
     ___

597)   2
     + 3
     ___

598)   2
     + 1
     ___

599)   0
     + 2
     ___

600)   2
     + 2
     ___

Addition Level 1 - Math Everywhere

Time :   Name :   Score
                Date :   /40

1) 26 + 3   2) 27 + 8   3) 25 + 3   4) 29 + 7   5) 20 + 6

6) 14 + 2   7) 29 + 2   8) 27 + 6   9) 16 + 4   10) 19 + 5

11) 22 + 2   12) 19 + 5   13) 18 + 3   14) 10 + 8   15) 15 + 6

16) 20 + 5   17) 29 + 2   18) 26 + 5   19) 25 + 0   20) 17 + 8

21) 26 + 3   22) 29 + 3   23) 23 + 3   24) 29 + 3   25) 28 + 2

26) 26 + 7   27) 25 + 2   28) 26 + 0   29) 25 + 8   30) 28 + 2

31) 23 + 8   32) 25 + 9   33) 19 + 0   34) 16 + 4   35) 24 + 7

36) 18 + 8   37) 17 + 6   38) 19 + 1   39) 20 + 4   40) 29 + 6

Addition Level 2 - Math Everywhere

Time	Name:		Score
:	Date:		/40

41) 17 + 2

42) 13 + 6

43) 26 + 2

44) 24 + 0

45) 19 + 3

46) 11 + 3

47) 12 + 1

48) 12 + 8

49) 12 + 1

50) 25 + 3

51) 14 + 3

52) 12 + 5

53) 27 + 0

54) 21 + 3

55) 29 + 8

56) 24 + 0

57) 24 + 6

58) 17 + 4

59) 23 + 3

60) 17 + 3

61) 27 + 1

62) 24 + 4

63) 21 + 1

64) 27 + 2

65) 23 + 5

66) 15 + 1

67) 20 + 4

68) 19 + 2

69) 22 + 9

70) 16 + 1

71) 22 + 5

72) 22 + 3

73) 28 + 6

74) 24 + 9

75) 25 + 4

76) 20 + 4

77) 20 + 8

78) 28 + 5

79) 27 + 3

80) 19 + 6

Addition Level 2 - Math Everywhere

Time	Name :		Score
:	Date :		/40

81) 33 + 9

82) 25 + 5

83) 48 + 1

84) 40 + 5

85) 38 + 5

86) 23 + 3

87) 33 + 9

88) 30 + 1

89) 46 + 0

90) 20 + 0

91) 24 + 3

92) 42 + 8

93) 12 + 1

94) 18 + 5

95) 24 + 6

96) 41 + 5

97) 36 + 7

98) 45 + 9

99) 23 + 9

100) 36 + 4

101) 45 + 6

102) 21 + 8

103) 50 + 7

104) 32 + 6

105) 19 + 6

106) 45 + 1

107) 34 + 7

108) 32 + 9

109) 15 + 9

110) 24 + 6

111) 47 + 9

112) 47 + 5

113) 34 + 2

114) 31 + 2

115) 41 + 1

116) 34 + 3

117) 24 + 8

118) 24 + 6

119) 17 + 3

120) 16 + 1

Addition Level 2 - Math Everywhere

Time : Name : Score
Date : /40

121) 19 + 6	122) 11 + 3	123) 20 + 5	124) 39 + 1	125) 47 + 1
126) 30 + 6	127) 48 + 5	128) 46 + 5	129) 36 + 7	130) 35 + 3
131) 15 + 3	132) 21 + 1	133) 14 + 3	134) 34 + 4	135) 31 + 4
136) 41 + 6	137) 20 + 2	138) 20 + 5	139) 36 + 5	140) 37 + 6
141) 11 + 4	142) 40 + 7	143) 32 + 2	144) 27 + 5	145) 38 + 8
146) 11 + 9	147) 50 + 2	148) 18 + 8	149) 26 + 4	150) 20 + 3
151) 40 + 6	152) 19 + 4	153) 36 + 6	154) 49 + 3	155) 27 + 5
156) 13 + 0	157) 20 + 2	158) 34 + 8	159) 40 + 2	160) 24 + 1

Addition Level 2 - Math Everywhere

Time	Name:		Score
:	Date:		/40

161) 14 + 0

162) 54 + 1

163) 45 + 1

164) 15 + 3

165) 63 + 8

166) 61 + 4

167) 14 + 5

168) 61 + 7

169) 50 + 2

170) 64 + 2

171) 15 + 2

172) 68 + 6

173) 35 + 1

174) 68 + 3

175) 32 + 4

176) 30 + 5

177) 11 + 4

178) 52 + 6

179) 36 + 5

180) 46 + 3

181) 45 + 1

182) 46 + 6

183) 43 + 1

184) 52 + 2

185) 20 + 8

186) 47 + 0

187) 60 + 4

188) 10 + 6

189) 68 + 6

190) 60 + 1

191) 14 + 7

192) 69 + 3

193) 29 + 5

194) 25 + 8

195) 35 + 0

196) 61 + 5

197) 13 + 1

198) 43 + 4

199) 43 + 1

200) 60 + 7

Addition Level 2 - Math Everywhere

Time	Name:			Score
:	Date:			/40

201) $34 + 9$ 202) $25 + 6$ 203) $56 + 2$ 204) $45 + 2$ 205) $67 + 6$

206) $26 + 2$ 207) $65 + 3$ 208) $47 + 0$ 209) $16 + 8$ 210) $28 + 5$

211) $12 + 7$ 212) $31 + 4$ 213) $63 + 4$ 214) $27 + 9$ 215) $69 + 9$

216) $49 + 3$ 217) $56 + 1$ 218) $53 + 1$ 219) $31 + 3$ 220) $57 + 4$

221) $36 + 0$ 222) $49 + 6$ 223) $10 + 8$ 224) $39 + 6$ 225) $25 + 0$

226) $37 + 6$ 227) $51 + 5$ 228) $63 + 1$ 229) $44 + 7$ 230) $53 + 2$

231) $10 + 1$ 232) $60 + 3$ 233) $12 + 4$ 234) $50 + 4$ 235) $59 + 9$

236) $13 + 0$ 237) $49 + 7$ 238) $27 + 1$ 239) $35 + 1$ 240) $68 + 4$

Addition Level 2 - Math Everywhere

Time	Name:		Score
:	Date:		/40

241) 89 + 7

242) 33 + 2

243) 81 + 4

244) 23 + 1

245) 79 + 5

246) 24 + 7

247) 83 + 5

248) 54 + 3

249) 53 + 3

250) 95 + 1

251) 46 + 8

252) 31 + 4

253) 18 + 8

254) 30 + 6

255) 55 + 7

256) 35 + 1

257) 65 + 3

258) 66 + 7

259) 77 + 2

260) 12 + 7

261) 19 + 6

262) 67 + 9

263) 29 + 0

264) 43 + 6

265) 73 + 2

266) 83 + 2

267) 21 + 8

268) 27 + 7

269) 67 + 7

270) 79 + 4

271) 19 + 1

272) 41 + 7

273) 15 + 7

274) 31 + 1

275) 59 + 5

276) 82 + 3

277) 58 + 6

278) 49 + 7

279) 99 + 3

280) 38 + 2

Addition Level 2 - Math Everywhere

Time :

Name :
Date :

Score /40

281) 64 + 6	282) 69 + 1	283) 88 + 8	284) 89 + 0	285) 46 + 4
286) 48 + 3	287) 11 + 9	288) 62 + 2	289) 58 + 8	290) 24 + 2
291) 76 + 9	292) 15 + 9	293) 69 + 2	294) 85 + 2	295) 30 + 1
296) 99 + 3	297) 38 + 4	298) 12 + 7	299) 47 + 0	300) 80 + 3
301) 81 + 4	302) 41 + 3	303) 90 + 6	304) 32 + 7	305) 94 + 4
306) 67 + 2	307) 73 + 6	308) 66 + 3	309) 26 + 8	310) 11 + 2
311) 74 + 3	312) 49 + 2	313) 98 + 5	314) 99 + 6	315) 38 + 0
316) 92 + 2	317) 37 + 7	318) 69 + 2	319) 75 + 4	320) 88 + 8

Addition Level 2 - Math Everywhere

Time :	Name : Date :			Score /40

321) 74 + 3   322) 45 + 2   323) 95 + 4   324) 47 + 6   325) 19 + 7

326) 47 + 6   327) 11 + 7   328) 52 + 8   329) 26 + 7   330) 14 + 8

331) 79 + 8   332) 39 + 2   333) 29 + 3   334) 72 + 6   335) 26 + 1

336) 19 + 1   337) 14 + 4   338) 50 + 1   339) 97 + 0   340) 11 + 1

341) 64 + 4   342) 48 + 5   343) 74 + 2   344) 16 + 4   345) 74 + 0

346) 38 + 5   347) 53 + 1   348) 11 + 8   349) 44 + 5   350) 76 + 2

351) 70 + 1   352) 32 + 7   353) 26 + 2   354) 64 + 4   355) 23 + 7

356) 81 + 8   357) 15 + 9   358) 46 + 5   359) 78 + 8   360) 37 + 7

Addition Level 2 - Math Everywhere

Time : 　　　Name :　　　Score /40
　　　　　　　Date :

361) 72 + 1	362) 47 + 2	363) 62 + 9	364) 31 + 1	365) 73 + 7
366) 36 + 3	367) 70 + 8	368) 23 + 6	369) 42 + 1	370) 19 + 8
371) 77 + 7	372) 25 + 4	373) 87 + 5	374) 42 + 3	375) 80 + 8
376) 95 + 6	377) 13 + 9	378) 42 + 1	379) 40 + 5	380) 27 + 6
381) 77 + 5	382) 67 + 5	383) 27 + 5	384) 52 + 0	385) 59 + 2
386) 36 + 3	387) 55 + 2	388) 66 + 7	389) 44 + 0	390) 77 + 3
391) 44 + 4	392) 69 + 2	393) 14 + 5	394) 85 + 8	395) 54 + 3
396) 13 + 2	397) 63 + 3	398) 21 + 9	399) 53 + 2	400) 96 + 6

Addition Level 2 - Math Everywhere

Time :	Name : Date :			Score /40

401) 62 + 3

402) 15 + 5

403) 46 + 2

404) 63 + 3

405) 21 + 8

406) 86 + 3

407) 16 + 3

408) 43 + 4

409) 94 + 3

410) 76 + 4

411) 82 + 1

412) 46 + 4

413) 81 + 8

414) 23 + 2

415) 34 + 9

416) 77 + 3

417) 54 + 4

418) 55 + 4

419) 59 + 1

420) 69 + 1

421) 89 + 4

422) 66 + 3

423) 22 + 3

424) 30 + 5

425) 96 + 4

426) 95 + 7

427) 43 + 3

428) 60 + 4

429) 67 + 9

430) 71 + 0

431) 20 + 2

432) 22 + 3

433) 58 + 2

434) 81 + 4

435) 81 + 3

436) 37 + 8

437) 39 + 6

438) 98 + 4

439) 92 + 9

440) 32 + 1

Addition Level 2 - Math Everywhere

Time	Name :	Score
:	Date :	/40

441) 44 + 4

442) 29 + 7

443) 50 + 5

444) 40 + 5

445) 53 + 5

446) 82 + 3

447) 16 + 2

448) 28 + 3

449) 92 + 5

450) 82 + 6

451) 62 + 7

452) 70 + 8

453) 90 + 7

454) 58 + 7

455) 34 + 0

456) 63 + 9

457) 73 + 8

458) 85 + 1

459) 89 + 4

460) 32 + 3

461) 79 + 4

462) 10 + 3

463) 55 + 4

464) 75 + 1

465) 73 + 4

466) 76 + 6

467) 39 + 7

468) 15 + 8

469) 82 + 8

470) 44 + 4

471) 84 + 3

472) 91 + 1

473) 54 + 4

474) 70 + 8

475) 28 + 8

476) 37 + 8

477) 91 + 9

478) 25 + 2

479) 86 + 3

480) 26 + 2

Addition Level 2 - Math Everywhere

481) 28 + 2	482) 59 + 3	483) 52 + 6	484) 30 + 3	485) 64 + 4
486) 97 + 6	487) 31 + 2	488) 65 + 3	489) 19 + 8	490) 27 + 9
491) 31 + 8	492) 45 + 3	493) 96 + 5	494) 91 + 7	495) 65 + 1
496) 19 + 6	497) 92 + 3	498) 97 + 4	499) 31 + 7	500) 68 + 8
501) 58 + 9	502) 99 + 2	503) 54 + 8	504) 58 + 5	505) 43 + 8
506) 39 + 2	507) 93 + 4	508) 66 + 2	509) 57 + 2	510) 44 + 8
511) 65 + 5	512) 80 + 6	513) 84 + 1	514) 41 + 4	515) 39 + 7
516) 81 + 6	517) 73 + 2	518) 58 + 5	519) 32 + 6	520) 31 + 6

Addition Level 2 - Math Everywhere

Time	Name :			Score
:	Date :			/40

521) 29 + 1

522) 55 + 4

523) 56 + 3

524) 27 + 3

525) 52 + 8

526) 75 + 8

527) 24 + 6

528) 79 + 0

529) 40 + 2

530) 59 + 9

531) 28 + 8

532) 35 + 3

533) 45 + 1

534) 44 + 1

535) 55 + 8

536) 28 + 2

537) 43 + 2

538) 33 + 6

539) 85 + 6

540) 69 + 1

541) 92 + 4

542) 77 + 2

543) 81 + 4

544) 45 + 3

545) 17 + 2

546) 96 + 0

547) 34 + 7

548) 43 + 7

549) 59 + 1

550) 97 + 7

551) 78 + 0

552) 21 + 0

553) 70 + 1

554) 34 + 6

555) 92 + 8

556) 75 + 6

557) 58 + 8

558) 55 + 8

559) 31 + 2

560) 10 + 1

Addition Level 2 - Math Everywhere

Time	Name:		Score
:	Date:		/40

561) 14 + 1

562) 59 + 8

563) 13 + 5

564) 69 + 3

565) 87 + 6

566) 30 + 2

567) 37 + 6

568) 68 + 1

569) 39 + 9

570) 59 + 4

571) 19 + 2

572) 86 + 6

573) 88 + 7

574) 75 + 5

575) 63 + 2

576) 19 + 2

577) 32 + 4

578) 22 + 8

579) 80 + 3

580) 12 + 7

581) 16 + 8

582) 37 + 2

583) 23 + 1

584) 56 + 1

585) 46 + 2

586) 67 + 4

587) 52 + 7

588) 35 + 0

589) 23 + 5

590) 75 + 8

591) 67 + 3

592) 33 + 2

593) 69 + 6

594) 78 + 6

595) 63 + 5

596) 23 + 6

597) 11 + 3

598) 20 + 1

599) 84 + 8

600) 86 + 4

Addition Level 2 - Math Everywhere

Time	Name :		Score
:	Date :		/40

1) 10 + 27

2) 14 + 30

3) 19 + 30

4) 17 + 18

5) 23 + 25

6) 21 + 21

7) 28 + 23

8) 28 + 24

9) 18 + 22

10) 19 + 17

11) 14 + 22

12) 28 + 29

13) 26 + 29

14) 28 + 11

15) 29 + 26

16) 17 + 17

17) 17 + 13

18) 30 + 15

19) 19 + 22

20) 11 + 18

21) 12 + 26

22) 22 + 29

23) 18 + 26

24) 21 + 19

25) 23 + 16

26) 25 + 17

27) 22 + 13

28) 26 + 23

29) 18 + 16

30) 26 + 28

31) 14 + 29

32) 25 + 30

33) 15 + 25

34) 16 + 27

35) 27 + 14

36) 10 + 29

37) 15 + 12

38) 10 + 23

39) 25 + 23

40) 15 + 20

Addition Level 3 - Math Everywhere

Time :

Name :
Date :

Score /40

41) 18 + 24
42) 37 + 24
43) 23 + 31
44) 24 + 48
45) 28 + 23

46) 16 + 33
47) 48 + 20
48) 41 + 28
49) 37 + 15
50) 38 + 38

51) 32 + 41
52) 18 + 40
53) 25 + 18
54) 45 + 26
55) 32 + 34

56) 41 + 10
57) 23 + 15
58) 19 + 45
59) 16 + 50
60) 43 + 20

61) 39 + 42
62) 26 + 42
63) 20 + 39
64) 41 + 10
65) 36 + 39

66) 10 + 24
67) 32 + 22
68) 25 + 42
69) 12 + 47
70) 24 + 28

71) 38 + 12
72) 39 + 14
73) 44 + 44
74) 34 + 47
75) 41 + 43

76) 33 + 24
77) 36 + 10
78) 43 + 31
79) 12 + 48
80) 18 + 19

Addition Level 3 - Math Everywhere

Time :   Name :   Score
                    Date :   /40

81) 54 + 61	82) 37 + 28	83) 17 + 28	84) 12 + 70	85) 28 + 11
86) 32 + 65	87) 52 + 62	88) 22 + 62	89) 28 + 70	90) 62 + 65
91) 18 + 15	92) 63 + 35	93) 52 + 44	94) 17 + 17	95) 59 + 51
96) 25 + 14	97) 12 + 54	98) 46 + 30	99) 56 + 43	100) 15 + 10
101) 44 + 17	102) 70 + 12	103) 69 + 53	104) 36 + 29	105) 40 + 40
106) 15 + 34	107) 22 + 31	108) 56 + 50	109) 38 + 13	110) 22 + 64
111) 32 + 54	112) 40 + 57	113) 53 + 19	114) 54 + 64	115) 26 + 14
116) 16 + 33	117) 45 + 58	118) 20 + 51	119) 44 + 55	120) 48 + 21

Addition Level 3 - Math Everywhere

Time	Name:		Score
:	Date:		/40

121) 80
   + 63

122) 78
   + 53

123) 80
   + 33

124) 62
   + 64

125) 69
   + 45

126) 40
   + 75

127) 35
   + 39

128) 75
   + 66

129) 73
   + 77

130) 80
   + 74

131) 44
   + 54

132) 60
   + 62

133) 38
   + 31

134) 31
   + 56

135) 66
   + 68

136) 73
   + 59

137) 68
   + 32

138) 42
   + 63

139) 75
   + 77

140) 32
   + 73

141) 78
   + 66

142) 66
   + 80

143) 68
   + 37

144) 44
   + 76

145) 32
   + 45

146) 71
   + 60

147) 54
   + 60

148) 42
   + 33

149) 31
   + 42

150) 57
   + 32

151) 58
   + 66

152) 37
   + 80

153) 42
   + 40

154) 76
   + 68

155) 42
   + 71

156) 52
   + 49

157) 52
   + 49

158) 35
   + 68

159) 72
   + 56

160) 76
   + 78

Addition Level 3 - Math Everywhere

Time	Name :			Score
:	Date :			/40

161) 56 + 64

162) 67 + 56

163) 55 + 72

164) 54 + 80

165) 68 + 69

166) 76 + 63

167) 49 + 55

168) 59 + 83

169) 48 + 52

170) 72 + 60

171) 60 + 44

172) 79 + 61

173) 75 + 56

174) 68 + 65

175) 77 + 82

176) 69 + 61

177) 58 + 72

178) 61 + 43

179) 84 + 83

180) 52 + 61

181) 47 + 56

182) 56 + 63

183) 41 + 53

184) 80 + 54

185) 50 + 41

186) 57 + 43

187) 83 + 69

188) 79 + 63

189) 69 + 46

190) 72 + 77

191) 80 + 63

192) 47 + 72

193) 50 + 80

194) 50 + 65

195) 60 + 43

196) 57 + 50

197) 54 + 56

198) 44 + 61

199) 53 + 47

200) 78 + 76

Addition Level 3 - Math Everywhere

Time :	Name : Date :			Score /40

201) 65 + 66

202) 59 + 73

203) 73 + 71

204) 83 + 66

205) 71 + 51

206) 77 + 67

207) 78 + 58

208) 42 + 64

209) 66 + 44

210) 54 + 66

211) 69 + 44

212) 61 + 80

213) 74 + 64

214) 44 + 79

215) 51 + 40

216) 48 + 84

217) 78 + 65

218) 44 + 58

219) 55 + 53

220) 60 + 67

221) 71 + 74

222) 47 + 63

223) 85 + 47

224) 62 + 73

225) 41 + 62

226) 56 + 84

227) 49 + 73

228) 82 + 53

229) 53 + 50

230) 45 + 54

231) 80 + 49

232) 42 + 81

233) 56 + 74

234) 85 + 59

235) 59 + 62

236) 78 + 61

237) 76 + 81

238) 49 + 78

239) 58 + 80

240) 65 + 59

Addition Level 3 - Math Everywhere

Time : Name : Date : Score /40

241) 68 + 75	242) 81 + 70	243) 90 + 86	244) 83 + 90	245) 61 + 82
246) 84 + 82	247) 72 + 67	248) 78 + 75	249) 62 + 79	250) 84 + 60
251) 76 + 89	252) 72 + 80	253) 76 + 73	254) 70 + 62	255) 79 + 62
256) 72 + 63	257) 83 + 65	258) 67 + 89	259) 67 + 81	260) 71 + 88
261) 64 + 63	262) 83 + 80	263) 81 + 68	264) 90 + 86	265) 60 + 67
266) 76 + 70	267) 68 + 81	268) 87 + 87	269) 78 + 77	270) 67 + 64
271) 81 + 90	272) 60 + 83	273) 81 + 61	274) 61 + 73	275) 76 + 80
276) 89 + 68	277) 76 + 64	278) 86 + 77	279) 68 + 68	280) 65 + 82

Addition Level 3 - Math Everywhere

Time	Name:		Score
:	Date:		/40

281) 81 + 78

282) 38 + 16

283) 76 + 60

284) 98 + 45

285) 87 + 76

286) 65 + 71

287) 64 + 37

288) 90 + 58

289) 12 + 16

290) 13 + 25

291) 18 + 30

292) 10 + 75

293) 29 + 62

294) 56 + 34

295) 79 + 91

296) 35 + 55

297) 51 + 17

298) 65 + 72

299) 11 + 56

300) 95 + 78

301) 29 + 45

302) 53 + 84

303) 71 + 28

304) 79 + 64

305) 54 + 97

306) 50 + 39

307) 24 + 76

308) 96 + 45

309) 48 + 86

310) 17 + 29

311) 54 + 30

312) 98 + 79

313) 46 + 82

314) 86 + 82

315) 44 + 94

316) 60 + 60

317) 33 + 33

318) 81 + 91

319) 35 + 54

320) 96 + 33

Addition Level 3 - Math Everywhere

Time :	Name : Date :			Score /40

321) 69 + 58	322) 48 + 99	323) 48 + 80	324) 11 + 32	325) 81 + 34
326) 37 + 91	327) 35 + 55	328) 47 + 73	329) 38 + 40	330) 85 + 31
331) 67 + 69	332) 49 + 17	333) 36 + 60	334) 97 + 48	335) 73 + 68
336) 38 + 76	337) 39 + 28	338) 29 + 31	339) 62 + 63	340) 44 + 47
341) 64 + 90	342) 10 + 88	343) 98 + 92	344) 78 + 14	345) 43 + 12
346) 36 + 98	347) 54 + 43	348) 94 + 51	349) 58 + 33	350) 96 + 18
351) 99 + 34	352) 36 + 21	353) 57 + 98	354) 74 + 73	355) 38 + 67
356) 81 + 77	357) 43 + 70	358) 41 + 17	359) 83 + 52	360) 67 + 17

Addition Level 3 - Math Everywhere

Time :	Name : Date :			Score /40

361) 38 + 59

362) 62 + 54

363) 16 + 41

364) 70 + 66

365) 70 + 68

366) 20 + 62

367) 35 + 94

368) 98 + 58

369) 54 + 91

370) 42 + 99

371) 52 + 65

372) 91 + 46

373) 11 + 16

374) 96 + 42

375) 33 + 11

376) 93 + 52

377) 20 + 97

378) 65 + 84

379) 95 + 44

380) 66 + 60

381) 58 + 73

382) 67 + 48

383) 23 + 96

384) 14 + 72

385) 61 + 31

386) 12 + 27

387) 79 + 78

388) 81 + 25

389) 62 + 99

390) 47 + 53

391) 92 + 46

392) 96 + 67

393) 22 + 36

394) 53 + 72

395) 48 + 87

396) 23 + 96

397) 51 + 17

398) 81 + 58

399) 79 + 82

400) 75 + 68

Addition Level 3 - Math Everywhere

Time	Name :		Score
:	Date :		/40

401) 43 + 73

402) 24 + 36

403) 69 + 63

404) 26 + 58

405) 53 + 72

406) 75 + 98

407) 54 + 89

408) 97 + 32

409) 43 + 60

410) 83 + 14

411) 71 + 64

412) 17 + 77

413) 67 + 58

414) 23 + 76

415) 31 + 66

416) 29 + 64

417) 33 + 27

418) 67 + 68

419) 37 + 38

420) 72 + 83

421) 24 + 52

422) 45 + 81

423) 70 + 85

424) 26 + 82

425) 89 + 67

426) 99 + 88

427) 64 + 40

428) 94 + 77

429) 15 + 81

430) 39 + 48

431) 23 + 76

432) 36 + 89

433) 68 + 42

434) 84 + 42

435) 67 + 25

436) 94 + 51

437) 70 + 29

438) 90 + 28

439) 83 + 22

440) 43 + 44

Addition Level 3 - Math Everywhere

441) 53 + 54	442) 37 + 41	443) 50 + 87	444) 16 + 28	445) 33 + 84
446) 53 + 62	447) 20 + 36	448) 35 + 58	449) 55 + 61	450) 92 + 95
451) 17 + 48	452) 58 + 51	453) 60 + 77	454) 17 + 63	455) 55 + 80
456) 67 + 87	457) 16 + 84	458) 81 + 14	459) 19 + 89	460) 36 + 86
461) 29 + 88	462) 74 + 20	463) 50 + 25	464) 71 + 78	465) 45 + 82
466) 49 + 75	467) 70 + 75	468) 88 + 43	469) 27 + 16	470) 55 + 46
471) 34 + 50	472) 93 + 27	473) 94 + 49	474) 41 + 35	475) 61 + 70
476) 66 + 71	477) 75 + 87	478) 51 + 58	479) 76 + 68	480) 25 + 95

Addition Level 3 - Math Everywhere

Time	Name:		Score
:	Date:		/40

481) 37 + 45

482) 89 + 16

483) 15 + 60

484) 45 + 11

485) 97 + 66

486) 90 + 87

487) 85 + 75

488) 27 + 69

489) 88 + 45

490) 53 + 10

491) 93 + 11

492) 26 + 90

493) 58 + 74

494) 98 + 66

495) 16 + 61

496) 42 + 52

497) 82 + 69

498) 37 + 64

499) 42 + 43

500) 87 + 97

501) 31 + 17

502) 66 + 74

503) 34 + 90

504) 36 + 90

505) 14 + 51

506) 44 + 61

507) 70 + 14

508) 18 + 30

509) 65 + 61

510) 78 + 50

511) 53 + 59

512) 90 + 51

513) 31 + 45

514) 65 + 67

515) 69 + 37

516) 58 + 10

517) 40 + 97

518) 91 + 38

519) 94 + 55

520) 73 + 62

Addition Level 3 - Math Everywhere

Time :	Name : Date :			Score /40

521) 34 + 15

522) 13 + 53

523) 70 + 70

524) 39 + 41

525) 37 + 45

526) 31 + 75

527) 54 + 31

528) 62 + 51

529) 15 + 61

530) 73 + 77

531) 73 + 60

532) 51 + 91

533) 75 + 24

534) 20 + 36

535) 67 + 28

536) 72 + 31

537) 46 + 53

538) 56 + 53

539) 29 + 49

540) 97 + 28

541) 17 + 70

542) 36 + 74

543) 54 + 15

544) 51 + 51

545) 29 + 74

546) 81 + 15

547) 91 + 68

548) 46 + 33

549) 19 + 61

550) 49 + 43

551) 32 + 26

552) 79 + 23

553) 31 + 87

554) 99 + 42

555) 75 + 26

556) 35 + 92

557) 63 + 75

558) 47 + 62

559) 22 + 42

560) 65 + 20

Addition Level 3 - Math Everywhere

Time	Name :		Score
:	Date :		/40

561) 56 + 89

562) 78 + 27

563) 73 + 90

564) 12 + 34

565) 41 + 12

566) 77 + 35

567) 93 + 24

568) 29 + 32

569) 27 + 89

570) 35 + 39

571) 80 + 66

572) 17 + 34

573) 98 + 47

574) 27 + 16

575) 78 + 23

576) 98 + 92

577) 71 + 37

578) 97 + 45

579) 22 + 32

580) 43 + 72

581) 27 + 59

582) 62 + 69

583) 82 + 27

584) 63 + 60

585) 95 + 98

586) 84 + 44

587) 70 + 11

588) 23 + 75

589) 48 + 37

590) 40 + 21

591) 76 + 53

592) 52 + 76

593) 43 + 60

594) 41 + 50

595) 19 + 38

596) 41 + 24

597) 86 + 45

598) 96 + 91

599) 38 + 32

600) 62 + 95

Addition Level 3 - Math Everywhere

Time	Name:		Score
:	Date:		/40

1) 1 - 0

2) 5 - 1

3) 8 - 4

4) 1 - 3

5) 7 - 4

6) 3 - 2

7) 0 - 3

8) 3 - 1

9) 3 - 0

10) 0 - 2

11) 7 - 5

12) 6 - 3

13) 6 - 5

14) 2 - 2

15) 8 - 2

16) 7 - 2

17) 1 - 3

18) 4 - 4

19) 5 - 3

20) 2 - 5

21) 0 - 2

22) 8 - 5

23) 6 - 5

24) 0 - 0

25) 8 - 2

26) 5 - 3

27) 7 - 3

28) 3 - 0

29) 8 - 4

30) 8 - 1

31) 4 - 4

32) 8 - 4

33) 1 - 2

34) 8 - 2

35) 5 - 4

36) 5 - 3

37) 5 - 5

38) 5 - 4

39) 6 - 5

40) 7 - 1

Substraction Level 1 - Math Everywhere

Time	Name :		Score
:	Date :		/40

41) 8 − 7

42) 3 − 5

43) 4 − 8

44) 5 − 7

45) 8 − 8

46) 6 − 0

47) 6 − 4

48) 5 − 9

49) 7 − 2

50) 5 − 2

51) 1 − 3

52) 0 − 4

53) 4 − 2

54) 6 − 0

55) 3 − 3

56) 8 − 8

57) 6 − 3

58) 8 − 7

59) 4 − 8

60) 3 − 3

61) 6 − 5

62) 9 − 8

63) 4 − 2

64) 5 − 6

65) 4 − 0

66) 1 − 1

67) 4 − 4

68) 7 − 8

69) 5 − 0

70) 9 − 1

71) 9 − 5

72) 9 − 6

73) 3 − 1

74) 8 − 2

75) 6 − 6

76) 8 − 6

77) 3 − 0

78) 4 − 9

79) 6 − 3

80) 2 − 5

Substraction Level 1 - Math Everywhere

Time	Name:		Score
:	Date:		/40

81) 4 − 4

82) 3 − 8

83) 4 − 1

84) 6 − 3

85) 9 − 6

86) 3 − 8

87) 0 − 5

88) 6 − 9

89) 5 − 2

90) 1 − 4

91) 1 − 2

92) 3 − 2

93) 2 − 6

94) 3 − 1

95) 1 − 2

96) 8 − 6

97) 7 − 2

98) 1 − 1

99) 4 − 0

100) 5 − 2

101) 5 − 7

102) 2 − 2

103) 2 − 8

104) 1 − 6

105) 8 − 6

106) 4 − 6

107) 5 − 7

108) 5 − 2

109) 1 − 5

110) 1 − 3

111) 4 − 3

112) 5 − 2

113) 7 − 2

114) 6 − 2

115) 0 − 3

116) 1 − 6

117) 7 − 3

118) 5 − 7

119) 3 − 8

120) 5 − 3

Substraction Level 1 - Math Everywhere

121) 1 − 3	122) 8 − 3	123) 0 − 5	124) 4 − 6	125) 0 − 8
126) 6 − 8	127) 8 − 4	128) 2 − 3	129) 3 − 5	130) 2 − 8
131) 2 − 1	132) 1 − 6	133) 2 − 1	134) 4 − 2	135) 2 − 6
136) 5 − 8	137) 4 − 2	138) 6 − 8	139) 5 − 5	140) 6 − 6
141) 2 − 3	142) 1 − 1	143) 8 − 8	144) 5 − 2	145) 4 − 8
146) 0 − 7	147) 3 − 7	148) 3 − 5	149) 1 − 2	150) 5 − 9
151) 0 − 3	152) 8 − 8	153) 8 − 6	154) 1 − 2	155) 5 − 5
156) 1 − 2	157) 5 − 5	158) 7 − 7	159) 2 − 5	160) 4 − 7

Substraction Level 1 - Math Everywhere

Time	Name :		Score
:	Date :		/40

161) 9 − 5

162) 5 − 2

163) 0 − 3

164) 7 − 7

165) 7 − 1

166) 7 − 6

167) 7 − 1

168) 6 − 5

169) 8 − 6

170) 8 − 3

171) 9 − 8

172) 9 − 8

173) 2 − 6

174) 4 − 7

175) 6 − 2

176) 0 − 0

177) 6 − 3

178) 5 − 8

179) 2 − 3

180) 0 − 4

181) 2 − 3

182) 5 − 4

183) 2 − 8

184) 8 − 7

185) 1 − 7

186) 3 − 1

187) 8 − 7

188) 6 − 0

189) 6 − 8

190) 8 − 3

191) 6 − 3

192) 2 − 5

193) 3 − 9

194) 4 − 7

195) 7 − 5

196) 3 − 8

197) 3 − 4

198) 3 − 9

199) 4 − 9

200) 8 − 7

Substraction Level 1 - Math Everywhere

Time	Name :		Score
:	Date :		/40

201) 0
  − 2

202) 2
  − 7

203) 5
  − 1

204) 0
  − 5

205) 2
  − 6

206) 9
  − 7

207) 6
  − 4

208) 6
  − 5

209) 4
  − 8

210) 6
  − 8

211) 4
  − 1

212) 0
  − 9

213) 4
  − 5

214) 0
  − 0

215) 9
  − 5

216) 5
  − 8

217) 4
  − 2

218) 4
  − 9

219) 7
  − 3

220) 1
  − 8

221) 6
  − 4

222) 4
  − 6

223) 8
  − 5

224) 8
  − 3

225) 5
  − 0

226) 8
  − 7

227) 5
  − 1

228) 2
  − 7

229) 0
  − 5

230) 0
  − 8

231) 3
  − 5

232) 2
  − 3

233) 2
  − 1

234) 7
  − 2

235) 5
  − 5

236) 6
  − 6

237) 1
  − 8

238) 0
  − 1

239) 2
  − 2

240) 7
  − 2

Substraction Level 1 - Math Everywhere

241) 1 − 8	242) 3 − 2	243) 3 − 6	244) 1 − 4	245) 3 − 6
246) 0 − 9	247) 6 − 9	248) 9 − 2	249) 7 − 1	250) 4 − 5
251) 4 − 5	252) 1 − 1	253) 4 − 5	254) 7 − 4	255) 6 − 2
256) 1 − 3	257) 2 − 0	258) 6 − 8	259) 5 − 8	260) 6 − 6
261) 4 − 2	262) 0 − 6	263) 6 − 7	264) 2 − 9	265) 4 − 6
266) 0 − 3	267) 2 − 5	268) 1 − 1	269) 7 − 0	270) 6 − 8
271) 5 − 7	272) 4 − 6	273) 5 − 3	274) 5 − 5	275) 8 − 2
276) 9 − 8	277) 2 − 1	278) 7 − 4	279) 6 − 7	280) 1 − 1

Substraction Level 1 - Math Everywhere

Time	Name:		Score
:	Date:		/40

281) 4 − 8

282) 7 − 5

283) 2 − 3

284) 6 − 2

285) 4 − 7

286) 3 − 3

287) 4 − 5

288) 4 − 2

289) 1 − 4

290) 6 − 9

291) 8 − 0

292) 1 − 2

293) 1 − 5

294) 2 − 8

295) 7 − 7

296) 3 − 6

297) 6 − 8

298) 7 − 3

299) 1 − 1

300) 3 − 6

301) 2 − 3

302) 0 − 5

303) 4 − 6

304) 1 − 5

305) 3 − 6

306) 1 − 4

307) 6 − 4

308) 3 − 9

309) 2 − 4

310) 2 − 9

311) 7 − 5

312) 8 − 2

313) 7 − 2

314) 5 − 5

315) 3 − 5

316) 7 − 1

317) 8 − 1

318) 5 − 5

319) 5 − 3

320) 2 − 5

Substraction Level 1 - Math Everywhere

Time :	Name : Date :			Score /40

321) 1
   - 2

322) 4
   - 5

323) 7
   - 7

324) 8
   - 1

325) 5
   - 6

326) 7
   - 3

327) 5
   - 6

328) 9
   - 6

329) 3
   - 0

330) 7
   - 7

331) 0
   - 8

332) 8
   - 1

333) 1
   - 5

334) 9
   - 6

335) 0
   - 1

336) 1
   - 4

337) 7
   - 6

338) 1
   - 2

339) 6
   - 2

340) 8
   - 2

341) 2
   - 8

342) 8
   - 7

343) 5
   - 1

344) 5
   - 7

345) 1
   - 7

346) 4
   - 2

347) 5
   - 4

348) 7
   - 5

349) 1
   - 8

350) 3
   - 7

351) 9
   - 4

352) 9
   - 5

353) 4
   - 0

354) 1
   - 7

355) 8
   - 2

356) 5
   - 0

357) 8
   - 5

358) 5
   - 7

359) 5
   - 8

360) 1
   - 8

Substraction Level 1 - Math Everywhere

Time :	Name : Date :			Score /40

361) 2
  - 3
  ___

362) 1
  - 7
  ___

363) 5
  - 0
  ___

364) 1
  - 8
  ___

365) 1
  - 2
  ___

366) 3
  - 7
  ___

367) 1
  - 6
  ___

368) 1
  - 0
  ___

369) 3
  - 0
  ___

370) 4
  - 0
  ___

371) 1
  - 3
  ___

372) 5
  - 4
  ___

373) 5
  - 6
  ___

374) 1
  - 1
  ___

375) 9
  - 0
  ___

376) 5
  - 5
  ___

377) 4
  - 1
  ___

378) 3
  - 3
  ___

379) 1
  - 0
  ___

380) 4
  - 7
  ___

381) 5
  - 8
  ___

382) 4
  - 8
  ___

383) 1
  - 1
  ___

384) 6
  - 3
  ___

385) 8
  - 8
  ___

386) 7
  - 6
  ___

387) 2
  - 3
  ___

388) 6
  - 1
  ___

389) 4
  - 1
  ___

390) 7
  - 4
  ___

391) 1
  - 2
  ___

392) 1
  - 0
  ___

393) 0
  - 7
  ___

394) 3
  - 7
  ___

395) 8
  - 9
  ___

396) 1
  - 1
  ___

397) 0
  - 0
  ___

398) 4
  - 4
  ___

399) 8
  - 5
  ___

400) 3
  - 9
  ___

Substraction Level 1 - Math Everywhere

Time	Name :		Score
:	Date :		/40

401) 5 − 2

402) 4 − 5

403) 0 − 0

404) 4 − 6

405) 2 − 1

406) 5 − 2

407) 2 − 1

408) 3 − 9

409) 7 − 7

410) 7 − 3

411) 5 − 4

412) 0 − 1

413) 9 − 4

414) 0 − 4

415) 0 − 2

416) 1 − 7

417) 4 − 5

418) 9 − 7

419) 2 − 5

420) 5 − 1

421) 3 − 1

422) 6 − 1

423) 3 − 5

424) 4 − 6

425) 1 − 5

426) 5 − 1

427) 1 − 6

428) 4 − 2

429) 6 − 5

430) 6 − 2

431) 7 − 8

432) 7 − 7

433) 7 − 6

434) 1 − 4

435) 3 − 6

436) 7 − 7

437) 2 − 7

438) 7 − 2

439) 6 − 5

440) 4 − 5

Substraction Level 1 - Math Everywhere

Time	Name:		Score
:	Date:		/40

441) 4 - 1

442) 2 - 4

443) 3 - 7

444) 8 - 7

445) 8 - 0

446) 2 - 2

447) 4 - 2

448) 6 - 8

449) 4 - 5

450) 8 - 8

451) 5 - 7

452) 6 - 3

453) 3 - 2

454) 8 - 3

455) 0 - 9

456) 8 - 5

457) 4 - 2

458) 3 - 3

459) 5 - 5

460) 4 - 4

461) 8 - 3

462) 7 - 2

463) 7 - 9

464) 8 - 7

465) 5 - 3

466) 8 - 4

467) 3 - 8

468) 5 - 4

469) 2 - 7

470) 2 - 3

471) 1 - 6

472) 5 - 9

473) 9 - 8

474) 5 - 4

475) 7 - 0

476) 1 - 5

477) 1 - 8

478) 8 - 6

479) 8 - 5

480) 0 - 3

Substraction Level 1 - Math Everywhere

Time	Name :		Score
:	Date :		/40

481) 1 − 9

482) 1 − 2

483) 3 − 8

484) 9 − 3

485) 1 − 3

486) 7 − 2

487) 2 − 1

488) 2 − 6

489) 7 − 0

490) 7 − 8

491) 4 − 5

492) 4 − 4

493) 2 − 6

494) 4 − 4

495) 8 − 3

496) 6 − 8

497) 3 − 3

498) 8 − 7

499) 2 − 3

500) 9 − 8

501) 1 − 1

502) 5 − 8

503) 2 − 8

504) 8 − 3

505) 2 − 4

506) 4 − 0

507) 8 − 7

508) 7 − 4

509) 3 − 6

510) 3 − 1

511) 1 − 1

512) 2 − 6

513) 3 − 1

514) 0 − 2

515) 6 − 2

516) 0 − 7

517) 3 − 2

518) 5 − 6

519) 8 − 3

520) 0 − 8

Substraction Level 1 - Math Everywhere

521) 8 − 8	522) 3 − 6	523) 1 − 7	524) 3 − 7	525) 9 − 7
526) 0 − 2	527) 0 − 8	528) 8 − 6	529) 1 − 1	530) 0 − 5
531) 1 − 2	532) 6 − 1	533) 1 − 6	534) 1 − 8	535) 2 − 8
536) 6 − 5	537) 0 − 5	538) 5 − 3	539) 2 − 6	540) 4 − 5
541) 6 − 7	542) 1 − 2	543) 8 − 7	544) 4 − 5	545) 6 − 9
546) 5 − 9	547) 1 − 4	548) 1 − 1	549) 0 − 5	550) 4 − 3
551) 4 − 6	552) 1 − 7	553) 7 − 1	554) 1 − 5	555) 3 − 3
556) 8 − 5	557) 0 − 6	558) 8 − 2	559) 9 − 4	560) 4 − 2

Substraction Level 1 - Math Everywhere

Time	Name:		Score
:	Date:		/40

561) 2
   − 5

562) 1
   − 3

563) 2
   − 2

564) 6
   − 6

565) 3
   − 8

566) 3
   − 4

567) 0
   − 9

568) 7
   − 6

569) 2
   − 7

570) 3
   − 2

571) 5
   − 6

572) 1
   − 7

573) 8
   − 4

574) 4
   − 1

575) 8
   − 7

576) 8
   − 7

577) 3
   − 3

578) 8
   − 1

579) 7
   − 9

580) 8
   − 5

581) 9
   − 6

582) 7
   − 6

583) 2
   − 3

584) 3
   − 9

585) 7
   − 0

586) 4
   − 8

587) 7
   − 7

588) 0
   − 1

589) 6
   − 2

590) 4
   − 2

591) 2
   − 7

592) 6
   − 6

593) 5
   − 8

594) 5
   − 0

595) 5
   − 3

596) 1
   − 8

597) 2
   − 4

598) 4
   − 4

599) 7
   − 1

600) 8
   − 6

Substraction Level 1 - Math Everywhere

Time	Name :		Score
:	Date :		/40

1) 12 − 6

2) 27 − 3

3) 24 − 1

4) 27 − 2

5) 25 − 9

6) 29 − 1

7) 28 − 0

8) 11 − 6

9) 23 − 3

10) 15 − 5

11) 13 − 8

12) 17 − 3

13) 29 − 2

14) 24 − 4

15) 13 − 4

16) 10 − 2

17) 16 − 8

18) 14 − 4

19) 22 − 3

20) 12 − 5

21) 11 − 9

22) 23 − 5

23) 15 − 7

24) 12 − 5

25) 26 − 2

26) 21 − 1

27) 27 − 5

28) 23 − 2

29) 17 − 2

30) 24 − 3

31) 22 − 9

32) 15 − 5

33) 22 − 3

34) 14 − 9

35) 11 − 5

36) 16 − 9

37) 24 − 3

38) 24 − 5

39) 28 − 9

40) 14 − 6

Substraction Level 2 - Math Everywhere

Time :	Name :			Score
	Date :			/40

41) 30 − 6

42) 30 − 4

43) 16 − 5

44) 22 − 8

45) 10 − 5

46) 14 − 6

47) 15 − 1

48) 13 − 8

49) 27 − 8

50) 10 − 4

51) 19 − 1

52) 19 − 8

53) 13 − 1

54) 16 − 3

55) 19 − 9

56) 15 − 7

57) 17 − 5

58) 29 − 1

59) 19 − 7

60) 23 − 4

61) 10 − 8

62) 16 − 4

63) 11 − 5

64) 29 − 8

65) 22 − 2

66) 13 − 8

67) 16 − 2

68) 27 − 4

69) 25 − 0

70) 25 − 2

71) 21 − 0

72) 13 − 9

73) 11 − 2

74) 29 − 3

75) 16 − 8

76) 20 − 0

77) 26 − 6

78) 22 − 7

79) 10 − 3

80) 23 − 3

Substraction Level 2 - Math Everywhere

Time	Name :		Score
:	Date :		/40

81) 44 − 2

82) 21 − 0

83) 20 − 0

84) 27 − 9

85) 18 − 7

86) 43 − 3

87) 11 − 7

88) 37 − 0

89) 15 − 3

90) 49 − 6

91) 45 − 4

92) 32 − 4

93) 14 − 2

94) 28 − 8

95) 37 − 4

96) 19 − 1

97) 35 − 5

98) 22 − 7

99) 50 − 9

100) 14 − 3

101) 25 − 6

102) 12 − 4

103) 47 − 0

104) 50 − 4

105) 22 − 4

106) 49 − 5

107) 35 − 3

108) 38 − 6

109) 25 − 1

110) 26 − 2

111) 27 − 0

112) 12 − 2

113) 19 − 5

114) 43 − 4

115) 43 − 2

116) 42 − 0

117) 15 − 8

118) 24 − 1

119) 44 − 1

120) 34 − 7

Substraction Level 2 - Math Everywhere

121) 15 − 9	122) 33 − 8	123) 44 − 3	124) 36 − 2	125) 48 − 4
126) 10 − 1	127) 15 − 2	128) 37 − 7	129) 38 − 1	130) 10 − 8
131) 22 − 3	132) 32 − 9	133) 17 − 5	134) 24 − 8	135) 32 − 9
136) 41 − 8	137) 21 − 6	138) 34 − 6	139) 23 − 3	140) 18 − 1
141) 47 − 1	142) 22 − 5	143) 35 − 8	144) 29 − 3	145) 37 − 2
146) 30 − 9	147) 17 − 7	148) 18 − 0	149) 11 − 3	150) 16 − 9
151) 10 − 4	152) 42 − 7	153) 32 − 4	154) 44 − 8	155) 47 − 9
156) 18 − 9	157) 34 − 7	158) 15 − 6	159) 19 − 2	160) 37 − 6

Substraction Level 2 − Math Everywhere

Time : Name : Score
Date : /40

161) 59 − 0
162) 13 − 8
163) 25 − 8
164) 70 − 5
165) 28 − 4

166) 65 − 4
167) 56 − 3
168) 63 − 1
169) 46 − 8
170) 47 − 1

171) 29 − 6
172) 69 − 2
173) 27 − 7
174) 43 − 3
175) 18 − 9

176) 66 − 1
177) 52 − 3
178) 61 − 5
179) 38 − 8
180) 32 − 7

181) 20 − 2
182) 70 − 7
183) 52 − 6
184) 23 − 5
185) 45 − 2

186) 51 − 3
187) 44 − 3
188) 57 − 5
189) 18 − 9
190) 21 − 5

191) 16 − 4
192) 24 − 4
193) 28 − 1
194) 29 − 6
195) 57 − 8

196) 59 − 1
197) 48 − 2
198) 55 − 5
199) 32 − 8
200) 18 − 1

Substraction Level 2 - Math Everywhere

Time	Name :		Score
:	Date :		/40

201) 37 − 9

202) 50 − 8

203) 20 − 6

204) 26 − 7

205) 66 − 8

206) 51 − 4

207) 10 − 9

208) 51 − 4

209) 25 − 7

210) 32 − 5

211) 62 − 5

212) 22 − 0

213) 63 − 8

214) 39 − 2

215) 46 − 7

216) 17 − 1

217) 64 − 8

218) 61 − 2

219) 39 − 6

220) 62 − 7

221) 41 − 5

222) 27 − 2

223) 55 − 1

224) 38 − 7

225) 18 − 8

226) 19 − 1

227) 43 − 7

228) 57 − 7

229) 34 − 1

230) 46 − 6

231) 15 − 8

232) 67 − 1

233) 24 − 4

234) 16 − 4

235) 62 − 2

236) 22 − 6

237) 44 − 4

238) 11 − 8

239) 55 − 3

240) 17 − 3

Substraction Level 2 - Math Everywhere

Time	Name :		Score
:	Date :		/40

241) 87 − 4

242) 31 − 4

243) 39 − 3

244) 81 − 3

245) 64 − 6

246) 28 − 7

247) 93 − 8

248) 83 − 6

249) 13 − 7

250) 47 − 3

251) 68 − 4

252) 24 − 6

253) 33 − 8

254) 98 − 7

255) 14 − 6

256) 78 − 5

257) 73 − 7

258) 93 − 2

259) 39 − 4

260) 19 − 5

261) 39 − 4

262) 87 − 6

263) 53 − 4

264) 23 − 6

265) 82 − 7

266) 37 − 8

267) 23 − 4

268) 98 − 6

269) 88 − 2

270) 68 − 8

271) 71 − 3

272) 52 − 5

273) 75 − 4

274) 47 − 6

275) 29 − 5

276) 98 − 4

277) 59 − 7

278) 42 − 4

279) 71 − 8

280) 52 − 5

Substraction Level 2 - Math Everywhere

281) 74 − 2	282) 79 − 9	283) 68 − 2	284) 41 − 8	285) 74 − 9
286) 51 − 7	287) 82 − 6	288) 66 − 3	289) 44 − 5	290) 21 − 5
291) 40 − 5	292) 10 − 7	293) 87 − 5	294) 28 − 4	295) 69 − 5
296) 75 − 3	297) 34 − 4	298) 36 − 9	299) 27 − 9	300) 38 − 0
301) 21 − 4	302) 30 − 9	303) 76 − 2	304) 11 − 6	305) 73 − 6
306) 45 − 4	307) 47 − 2	308) 86 − 3	309) 29 − 2	310) 26 − 8
311) 58 − 3	312) 79 − 0	313) 63 − 7	314) 22 − 0	315) 12 − 2
316) 18 − 1	317) 31 − 8	318) 88 − 8	319) 53 − 4	320) 89 − 6

Substraction Level 2 - Math Everywhere

Time	Name :		Score
:	Date :		/40

321) 26 − 3

322) 12 − 3

323) 24 − 8

324) 10 − 7

325) 24 − 1

326) 54 − 7

327) 66 − 1

328) 96 − 0

329) 92 − 8

330) 71 − 1

331) 77 − 7

332) 13 − 6

333) 45 − 6

334) 19 − 1

335) 75 − 1

336) 29 − 5

337) 86 − 3

338) 86 − 5

339) 41 − 8

340) 21 − 6

341) 58 − 5

342) 43 − 6

343) 55 − 5

344) 51 − 7

345) 46 − 8

346) 58 − 4

347) 73 − 6

348) 79 − 6

349) 24 − 5

350) 87 − 8

351) 71 − 0

352) 55 − 8

353) 37 − 5

354) 37 − 3

355) 91 − 8

356) 99 − 1

357) 14 − 5

358) 87 − 7

359) 98 − 5

360) 69 − 5

Substraction Level 2 - Math Everywhere

Time	Name :		Score
:	Date :		/40

361) 22 − 1

362) 97 − 7

363) 63 − 6

364) 33 − 1

365) 51 − 5

366) 11 − 5

367) 73 − 4

368) 44 − 9

369) 22 − 5

370) 69 − 7

371) 79 − 4

372) 55 − 1

373) 47 − 0

374) 46 − 5

375) 25 − 9

376) 49 − 3

377) 78 − 6

378) 85 − 4

379) 70 − 1

380) 85 − 6

381) 94 − 4

382) 46 − 3

383) 49 − 7

384) 78 − 7

385) 20 − 2

386) 24 − 6

387) 91 − 7

388) 48 − 6

389) 95 − 2

390) 23 − 6

391) 29 − 1

392) 35 − 2

393) 52 − 2

394) 73 − 5

395) 33 − 7

396) 89 − 5

397) 24 − 7

398) 25 − 2

399) 75 − 5

400) 64 − 8

Substraction Level 2 - Math Everywhere

Time	Name:		Score
:	Date:		/40

401) 22 − 2	402) 62 − 7	403) 95 − 3	404) 81 − 7	405) 53 − 6
406) 15 − 1	407) 57 − 1	408) 98 − 8	409) 57 − 8	410) 44 − 5
411) 58 − 8	412) 75 − 8	413) 52 − 3	414) 23 − 8	415) 71 − 3
416) 22 − 2	417) 89 − 8	418) 36 − 5	419) 84 − 5	420) 64 − 2
421) 55 − 1	422) 72 − 0	423) 29 − 5	424) 18 − 2	425) 48 − 6
426) 88 − 8	427) 76 − 0	428) 92 − 2	429) 61 − 8	430) 91 − 8
431) 61 − 8	432) 54 − 4	433) 93 − 3	434) 74 − 4	435) 40 − 1
436) 24 − 9	437) 51 − 8	438) 93 − 9	439) 83 − 3	440) 50 − 9

Substraction Level 2 - Math Everywhere

Time	Name :	Score
:	Date :	/40

441) 23 − 3

442) 68 − 2

443) 33 − 6

444) 28 − 4

445) 47 − 6

446) 50 − 4

447) 76 − 6

448) 20 − 8

449) 82 − 7

450) 95 − 6

451) 66 − 3

452) 74 − 2

453) 65 − 4

454) 93 − 0

455) 53 − 3

456) 54 − 2

457) 60 − 3

458) 73 − 8

459) 10 − 8

460) 78 − 5

461) 76 − 6

462) 16 − 7

463) 12 − 3

464) 49 − 0

465) 91 − 0

466) 59 − 4

467) 20 − 5

468) 98 − 6

469) 44 − 2

470) 50 − 8

471) 87 − 2

472) 45 − 6

473) 12 − 2

474) 27 − 7

475) 68 − 1

476) 39 − 6

477) 77 − 2

478) 86 − 5

479) 78 − 3

480) 88 − 2

Substraction Level 2 - Math Everywhere

Time :	Name : Date :			Score /40

481) 36 − 3

482) 70 − 5

483) 74 − 2

484) 11 − 8

485) 90 − 3

486) 89 − 0

487) 69 − 6

488) 65 − 3

489) 92 − 6

490) 41 − 3

491) 96 − 4

492) 33 − 7

493) 20 − 8

494) 47 − 7

495) 69 − 8

496) 28 − 0

497) 46 − 5

498) 31 − 4

499) 47 − 6

500) 12 − 8

501) 63 − 0

502) 89 − 1

503) 51 − 1

504) 43 − 2

505) 80 − 1

506) 89 − 6

507) 40 − 7

508) 70 − 7

509) 47 − 6

510) 97 − 9

511) 69 − 4

512) 80 − 6

513) 88 − 7

514) 31 − 1

515) 50 − 0

516) 37 − 7

517) 23 − 5

518) 83 − 3

519) 71 − 6

520) 88 − 5

Substraction Level 2 - Math Everywhere

Time	Name :		Score
:	Date :		/40

521) 34 − 8

522) 16 − 2

523) 68 − 9

524) 28 − 5

525) 67 − 4

526) 80 − 3

527) 35 − 8

528) 35 − 7

529) 81 − 6

530) 66 − 4

531) 84 − 1

532) 86 − 6

533) 34 − 2

534) 45 − 7

535) 55 − 0

536) 60 − 4

537) 20 − 5

538) 33 − 4

539) 54 − 5

540) 33 − 8

541) 46 − 7

542) 44 − 6

543) 73 − 7

544) 27 − 6

545) 91 − 4

546) 21 − 5

547) 50 − 7

548) 39 − 5

549) 63 − 1

550) 57 − 5

551) 15 − 1

552) 95 − 9

553) 34 − 8

554) 29 − 5

555) 76 − 5

556) 69 − 5

557) 19 − 7

558) 28 − 9

559) 46 − 9

560) 47 − 0

Substraction Level 2 - Math Everywhere

561) 98 − 8	562) 36 − 5	563) 80 − 1	564) 64 − 7	565) 78 − 6
566) 30 − 2	567) 63 − 4	568) 24 − 7	569) 20 − 3	570) 15 − 0
571) 30 − 4	572) 67 − 5	573) 32 − 7	574) 86 − 7	575) 60 − 8
576) 16 − 0	577) 99 − 5	578) 76 − 6	579) 98 − 2	580) 86 − 3
581) 30 − 6	582) 63 − 5	583) 77 − 4	584) 86 − 6	585) 48 − 7
586) 90 − 2	587) 13 − 7	588) 55 − 4	589) 24 − 1	590) 58 − 7
591) 27 − 0	592) 63 − 3	593) 70 − 4	594) 34 − 6	595) 33 − 1
596) 57 − 6	597) 99 − 5	598) 61 − 8	599) 47 − 9	600) 60 − 3

Substraction Level 2 - Math Everywhere

Time	Name :			Score
:	Date :			/40

1) 15 − 25

2) 28 − 23

3) 26 − 17

4) 18 − 30

5) 22 − 14

6) 15 − 30

7) 16 − 12

8) 26 − 19

9) 21 − 19

10) 29 − 27

11) 21 − 19

12) 12 − 20

13) 20 − 26

14) 17 − 24

15) 10 − 15

16) 26 − 15

17) 14 − 21

18) 17 − 24

19) 16 − 17

20) 30 − 17

21) 14 − 18

22) 30 − 16

23) 14 − 21

24) 25 − 19

25) 27 − 15

26) 18 − 28

27) 15 − 12

28) 14 − 28

29) 23 − 13

30) 21 − 13

31) 26 − 21

32) 27 − 29

33) 15 − 12

34) 30 − 27

35) 18 − 20

36) 20 − 18

37) 25 − 29

38) 21 − 26

39) 28 − 25

40) 20 − 22

Substraction Level 3 - Math Everywhere

Time :	Name : Date :			Score /40

41) 25 − 19

42) 49 − 45

43) 10 − 44

44) 23 − 42

45) 11 − 29

46) 33 − 38

47) 39 − 42

48) 41 − 33

49) 16 − 10

50) 24 − 41

51) 48 − 21

52) 31 − 27

53) 34 − 28

54) 36 − 37

55) 35 − 22

56) 37 − 47

57) 48 − 48

58) 19 − 25

59) 11 − 18

60) 38 − 41

61) 19 − 15

62) 21 − 47

63) 37 − 24

64) 36 − 38

65) 36 − 18

66) 40 − 48

67) 20 − 20

68) 30 − 40

69) 39 − 27

70) 14 − 21

71) 42 − 48

72) 48 − 47

73) 26 − 49

74) 45 − 13

75) 22 − 50

76) 45 − 13

77) 38 − 43

78) 41 − 13

79) 37 − 32

80) 31 − 17

Substraction Level 3 - Math Everywhere

Time	Name:		Score
:	Date:		/40

81) 17 - 55	82) 50 - 37	83) 52 - 53	84) 14 - 65	85) 55 - 25
86) 35 - 26	87) 41 - 29	88) 47 - 58	89) 48 - 68	90) 14 - 21
91) 54 - 31	92) 48 - 44	93) 36 - 12	94) 29 - 41	95) 30 - 64
96) 57 - 55	97) 40 - 41	98) 56 - 66	99) 52 - 42	100) 21 - 23
101) 42 - 67	102) 57 - 33	103) 60 - 40	104) 21 - 40	105) 63 - 28
106) 65 - 64	107) 47 - 70	108) 10 - 16	109) 23 - 24	110) 34 - 28
111) 37 - 56	112) 39 - 60	113) 41 - 43	114) 63 - 41	115) 31 - 31
116) 10 - 55	117) 10 - 18	118) 29 - 67	119) 61 - 63	120) 16 - 19

Substraction Level 3 - Math Everywhere

	Time	Name:	Score
	:	Date:	/40

121) 74 − 30

122) 72 − 62

123) 68 − 66

124) 57 − 66

125) 44 − 46

126) 66 − 55

127) 36 − 35

128) 46 − 35

129) 67 − 61

130) 71 − 41

131) 65 − 58

132) 69 − 45

133) 37 − 80

134) 75 − 80

135) 38 − 42

136) 53 − 39

137) 32 − 78

138) 72 − 54

139) 66 − 58

140) 77 − 37

141) 61 − 34

142) 65 − 68

143) 74 − 33

144) 64 − 51

145) 61 − 67

146) 44 − 58

147) 32 − 75

148) 79 − 64

149) 65 − 62

150) 64 − 74

151) 60 − 76

152) 69 − 79

153) 51 − 77

154) 39 − 68

155) 70 − 66

156) 55 − 46

157) 78 − 74

158) 55 − 74

159) 77 − 44

160) 62 − 78

Substraction Level 3 - Math Everywhere

Time	Name :		Score
:	Date :		/40

161) 63   162) 73   163) 84   164) 48   165) 48
    - 84   - 75   - 42   - 80   - 77

166) 62   167) 41   168) 44   169) 49   170) 64
    - 42   - 65   - 71   - 54   - 83

171) 50   172) 59   173) 50   174) 78   175) 68
    - 75   - 55   - 50   - 62   - 55

176) 59   177) 80   178) 69   179) 51   180) 67
    - 54   - 78   - 75   - 70   - 84

181) 84   182) 63   183) 65   184) 63   185) 67
    - 48   - 70   - 63   - 74   - 59

186) 77   187) 58   188) 55   189) 79   190) 46
    - 82   - 57   - 69   - 51   - 80

191) 69   192) 55   193) 62   194) 82   195) 41
    - 45   - 59   - 44   - 77   - 49

196) 50   197) 66   198) 64   199) 43   200) 82
    - 65   - 80   - 66   - 64   - 47

Substraction Level 3 - Math Everywhere

Time	Name :			Score
:	Date :			/40

201) 71 − 67

202) 68 − 51

203) 77 − 66

204) 49 − 56

205) 49 − 81

206) 45 − 77

207) 66 − 85

208) 53 − 68

209) 75 − 80

210) 79 − 59

211) 52 − 65

212) 52 − 67

213) 47 − 52

214) 71 − 43

215) 61 − 59

216) 56 − 47

217) 80 − 60

218) 61 − 68

219) 62 − 41

220) 67 − 62

221) 41 − 41

222) 83 − 58

223) 77 − 72

224) 40 − 67

225) 49 − 44

226) 51 − 57

227) 50 − 63

228) 45 − 47

229) 81 − 45

230) 45 − 69

231) 55 − 71

232) 41 − 57

233) 49 − 75

234) 62 − 66

235) 45 − 55

236) 60 − 80

237) 45 − 62

238) 55 − 51

239) 58 − 70

240) 46 − 61

Substraction Level 3 - Math Everywhere

241) 63 - 86	242) 63 - 69	243) 73 - 65	244) 83 - 87	245) 66 - 75
246) 82 - 70	247) 87 - 74	248) 78 - 60	249) 74 - 63	250) 77 - 60
251) 82 - 72	252) 68 - 74	253) 87 - 71	254) 79 - 68	255) 87 - 69
256) 67 - 66	257) 70 - 61	258) 66 - 64	259) 77 - 79	260) 77 - 82
261) 82 - 79	262) 76 - 89	263) 81 - 86	264) 80 - 85	265) 90 - 66
266) 66 - 62	267) 63 - 82	268) 66 - 70	269) 74 - 72	270) 61 - 69
271) 88 - 71	272) 77 - 90	273) 82 - 82	274) 61 - 87	275) 83 - 89
276) 72 - 67	277) 67 - 80	278) 85 - 64	279) 80 - 81	280) 85 - 65

Substraction Level 3 - Math Everywhere

281) 75 − 91	282) 25 − 90	283) 60 − 43	284) 65 − 73	285) 59 − 58
286) 87 − 98	287) 29 − 29	288) 93 − 51	289) 77 − 59	290) 61 − 47
291) 59 − 92	292) 28 − 46	293) 51 − 97	294) 73 − 28	295) 22 − 31
296) 69 − 60	297) 29 − 60	298) 60 − 81	299) 82 − 73	300) 43 − 43
301) 32 − 70	302) 43 − 77	303) 91 − 37	304) 56 − 56	305) 48 − 45
306) 40 − 42	307) 90 − 18	308) 83 − 55	309) 16 − 80	310) 80 − 77
311) 86 − 48	312) 82 − 24	313) 62 − 96	314) 35 − 79	315) 17 − 28
316) 67 − 10	317) 49 − 79	318) 23 − 41	319) 21 − 78	320) 13 − 90

Substraction Level 3 - Math Everywhere

Time	Name :			Score
:	Date :			/40

321) 78 − 66

322) 88 − 89

323) 40 − 97

324) 35 − 13

325) 88 − 58

326) 69 − 22

327) 41 − 12

328) 95 − 30

329) 13 − 23

330) 97 − 55

331) 86 − 85

332) 58 − 62

333) 44 − 49

334) 25 − 69

335) 73 − 18

336) 97 − 57

337) 77 − 66

338) 76 − 14

339) 50 − 51

340) 30 − 88

341) 66 − 48

342) 43 − 50

343) 54 − 87

344) 23 − 66

345) 93 − 77

346) 67 − 33

347) 95 − 66

348) 87 − 67

349) 84 − 61

350) 84 − 25

351) 79 − 33

352) 68 − 26

353) 31 − 29

354) 75 − 90

355) 34 − 49

356) 87 − 14

357) 80 − 93

358) 36 − 19

359) 28 − 17

360) 39 − 25

Substraction Level 3 - Math Everywhere

361) 90 − 21	362) 45 − 44	363) 13 − 57	364) 86 − 62	365) 59 − 74
366) 95 − 82	367) 34 − 42	368) 49 − 28	369) 97 − 51	370) 14 − 40
371) 53 − 76	372) 39 − 60	373) 71 − 47	374) 78 − 46	375) 92 − 84
376) 34 − 57	377) 84 − 84	378) 76 − 22	379) 84 − 91	380) 17 − 25
381) 68 − 65	382) 76 − 79	383) 15 − 97	384) 59 − 23	385) 35 − 23
386) 72 − 72	387) 75 − 56	388) 41 − 59	389) 56 − 35	390) 81 − 25
391) 46 − 12	392) 77 − 14	393) 59 − 60	394) 57 − 38	395) 79 − 25
396) 35 − 44	397) 45 − 38	398) 43 − 63	399) 42 − 25	400) 50 − 72

Substraction Level 3 - Math Everywhere

Time	Name :		Score
:	Date :		/40

401) 17   402) 55   403) 54   404) 76   405) 95
    - 75   - 69   - 35   - 18   - 66

406) 26   407) 48   408) 42   409) 71   410) 92
    - 32   - 93   - 18   - 33   - 46

411) 24   412) 32   413) 33   414) 65   415) 63
    - 90   - 47   - 69   - 63   - 35

416) 14   417) 25   418) 95   419) 85   420) 24
    - 91   - 85   - 71   - 74   - 99

421) 32   422) 56   423) 14   424) 77   425) 44
    - 44   - 28   - 10   - 29   - 45

426) 67   427) 46   428) 24   429) 77   430) 96
    - 49   - 19   - 79   - 94   - 63

431) 51   432) 17   433) 86   434) 22   435) 48
    - 84   - 56   - 14   - 54   - 71

436) 87   437) 17   438) 10   439) 85   440) 92
    - 96   - 25   - 87   - 32   - 70

Substraction Level 3 - Math Everywhere

Time :	Name : Date :			Score /40

441) 14 − 92

442) 21 − 68

443) 20 − 42

444) 67 − 58

445) 79 − 90

446) 54 − 52

447) 57 − 95

448) 63 − 80

449) 17 − 91

450) 28 − 21

451) 92 − 81

452) 38 − 27

453) 62 − 73

454) 36 − 97

455) 83 − 60

456) 98 − 94

457) 56 − 41

458) 35 − 77

459) 98 − 90

460) 46 − 19

461) 77 − 34

462) 72 − 73

463) 92 − 92

464) 71 − 92

465) 51 − 92

466) 43 − 16

467) 63 − 46

468) 58 − 94

469) 83 − 30

470) 21 − 29

471) 77 − 59

472) 27 − 33

473) 56 − 33

474) 35 − 58

475) 29 − 57

476) 15 − 35

477) 30 − 22

478) 56 − 81

479) 62 − 36

480) 69 − 78

Substraction Level 3 - Math Everywhere

Time	Name :		Score
:	Date :		/40

481) 62 − 77

482) 76 − 41

483) 44 − 61

484) 28 − 39

485) 65 − 30

486) 21 − 88

487) 35 − 65

488) 26 − 39

489) 54 − 44

490) 10 − 57

491) 83 − 31

492) 41 − 71

493) 34 − 12

494) 35 − 51

495) 49 − 25

496) 67 − 86

497) 86 − 23

498) 74 − 56

499) 46 − 25

500) 41 − 69

501) 75 − 34

502) 66 − 55

503) 78 − 39

504) 48 − 86

505) 86 − 93

506) 76 − 67

507) 18 − 36

508) 84 − 53

509) 55 − 92

510) 26 − 65

511) 86 − 41

512) 97 − 22

513) 22 − 79

514) 11 − 87

515) 14 − 67

516) 93 − 90

517) 40 − 58

518) 67 − 41

519) 28 − 48

520) 70 − 36

Substraction Level 3 - Math Everywhere

521) 87 − 40	522) 41 − 16	523) 93 − 10	524) 11 − 99	525) 41 − 25
526) 14 − 62	527) 70 − 88	528) 69 − 22	529) 64 − 19	530) 45 − 12
531) 32 − 44	532) 40 − 33	533) 90 − 93	534) 43 − 13	535) 88 − 70
536) 12 − 77	537) 78 − 37	538) 40 − 12	539) 15 − 57	540) 98 − 76
541) 11 − 19	542) 23 − 19	543) 74 − 75	544) 90 − 13	545) 58 − 24
546) 21 − 58	547) 31 − 20	548) 22 − 39	549) 28 − 19	550) 30 − 69
551) 21 − 96	552) 37 − 60	553) 18 − 99	554) 40 − 78	555) 64 − 96
556) 17 − 82	557) 24 − 95	558) 55 − 94	559) 99 − 41	560) 40 − 30

Substraction Level 3 - Math Everywhere

Time	Name :		Score
:	Date :		/40

561) 43
   - 98

562) 29
   - 26

563) 92
   - 18

564) 90
   - 79

565) 45
   - 59

566) 53
   - 85

567) 46
   - 98

568) 66
   - 39

569) 40
   - 34

570) 46
   - 26

571) 70
   - 54

572) 59
   - 68

573) 20
   - 59

574) 74
   - 79

575) 94
   - 65

576) 83
   - 95

577) 81
   - 73

578) 55
   - 20

579) 20
   - 13

580) 61
   - 10

581) 75
   - 66

582) 76
   - 60

583) 17
   - 59

584) 99
   - 91

585) 60
   - 70

586) 46
   - 54

587) 88
   - 10

588) 21
   - 28

589) 77
   - 51

590) 34
   - 11

591) 17
   - 61

592) 40
   - 46

593) 67
   - 37

594) 76
   - 68

595) 80
   - 45

596) 43
   - 66

597) 16
   - 78

598) 47
   - 75

599) 12
   - 38

600) 79
   - 59

Substraction Level 3 - Math Everywhere

Addition Level 1

#	Ans	#	Ans	#	Ans	#	Ans	#	Ans	#	Ans	#	Ans	#	Ans
1)	12	41)	9	81)	10	121)	11	161)	10	201)	10	241)	3	281)	7
2)	3	42)	1	82)	4	122)	8	162)	9	202)	5	242)	7	282)	11
3)	6	43)	8	83)	5	123)	15	163)	12	203)	14	243)	10	283)	10
4)	12	44)	8	84)	9	124)	9	164)	15	204)	13	244)	2	284)	8
5)	10	45)	10	85)	7	125)	9	165)	10	205)	12	245)	10	285)	9
6)	10	46)	9	86)	9	126)	11	166)	11	206)	9	246)	13	286)	2
7)	10	47)	10	87)	11	127)	12	167)	10	207)	7	247)	8	287)	4
8)	9	48)	14	88)	12	128)	15	168)	16	208)	10	248)	5	288)	5
9)	15	49)	10	89)	11	129)	12	169)	7	209)	8	249)	5	289)	9
10)	13	50)	9	90)	4	130)	13	170)	9	210)	11	250)	9	290)	9
11)	12	51)	16	91)	10	131)	4	171)	10	211)	16	251)	4	291)	9
12)	15	52)	3	92)	8	132)	4	172)	5	212)	3	252)	6	292)	9
13)	3	53)	8	93)	9	133)	10	173)	11	213)	7	253)	9	293)	14
14)	4	54)	8	94)	13	134)	7	174)	8	214)	12	254)	7	294)	4
15)	6	55)	11	95)	14	135)	8	175)	3	215)	4	255)	13	295)	6
16)	10	56)	5	96)	9	136)	8	176)	8	216)	12	256)	3	296)	4
17)	10	57)	13	97)	11	137)	11	177)	4	217)	11	257)	14	297)	14
18)	11	58)	2	98)	13	138)	16	178)	14	218)	11	258)	6	298)	7
19)	9	59)	10	99)	13	139)	7	179)	12	219)	9	259)	9	299)	2
20)	12	60)	6	100)	10	140)	12	180)	15	220)	6	260)	11	300)	14
21)	15	61)	15	101)	5	141)	11	181)	13	221)	12	261)	8	301)	13
22)	12	62)	11	102)	14	142)	12	182)	15	222)	3	262)	11	302)	10
23)	10	63)	5	103)	9	143)	13	183)	13	223)	15	263)	8	303)	2
24)	11	64)	10	104)	6	144)	10	184)	13	224)	7	264)	14	304)	8
25)	6	65)	5	105)	8	145)	13	185)	7	225)	9	265)	5	305)	1
26)	5	66)	4	106)	5	146)	15	186)	5	226)	5	266)	2	306)	9
27)	8	67)	4	107)	10	147)	11	187)	11	227)	13	267)	15	307)	8
28)	16	68)	16	108)	6	148)	5	188)	6	228)	8	268)	5	308)	9
29)	9	69)	12	109)	6	149)	10	189)	9	229)	16	269)	12	309)	1
30)	5	70)	12	110)	8	150)	5	190)	12	230)	7	270)	10	310)	7
31)	6	71)	14	111)	12	151)	12	191)	7	231)	8	271)	9	311)	11
32)	10	72)	16	112)	12	152)	11	192)	2	232)	10	272)	9	312)	11
33)	14	73)	5	113)	3	153)	9	193)	4	233)	13	273)	9	313)	10
34)	14	74)	16	114)	8	154)	8	194)	12	234)	10	274)	9	314)	8
35)	12	75)	11	115)	7	155)	8	195)	7	235)	4	275)	14	315)	12
36)	8	76)	11	116)	5	156)	10	196)	14	236)	12	276)	8	316)	2
37)	4	77)	8	117)	7	157)	12	197)	3	237)	5	277)	7	317)	2
38)	9	78)	4	118)	8	158)	6	198)	10	238)	4	278)	7	318)	8
39)	9	79)	10	119)	13	159)	14	199)	10	239)	5	279)	13	319)	5
40)	9	80)	8	120)	7	160)	8	200)	2	240)	6	280)	6	320)	10

Solutions - Math Everywhere

Solutions to Problems

Addition Level 1

321)	8	361)	9	401)	15	441)	13	481)	7	521)	7	561)	7
322)	9	362)	6	402)	4	442)	13	482)	6	522)	7	562)	12
323)	3	363)	14	403)	3	443)	10	483)	8	523)	15	563)	7
324)	9	364)	7	404)	8	444)	11	484)	10	524)	4	564)	13
325)	9	365)	5	405)	4	445)	10	485)	4	525)	12	565)	12
326)	17	366)	10	406)	8	446)	9	486)	4	526)	5	566)	9
327)	3	367)	6	407)	10	447)	12	487)	12	527)	3	567)	11
328)	7	368)	8	408)	10	448)	8	488)	12	528)	16	568)	4
329)	3	369)	13	409)	6	449)	3	489)	10	529)	10	569)	11
330)	14	370)	13	410)	3	450)	8	490)	9	530)	16	570)	11
331)	11	371)	6	411)	9	451)	9	491)	12	531)	17	571)	9
332)	2	372)	17	412)	13	452)	4	492)	2	532)	10	572)	15
333)	2	373)	10	413)	7	453)	13	493)	6	533)	4	573)	14
334)	14	374)	7	414)	7	454)	4	494)	10	534)	12	574)	6
335)	11	375)	8	415)	11	455)	3	495)	2	535)	18	575)	7
336)	13	376)	5	416)	7	456)	10	496)	14	536)	9	576)	9
337)	16	377)	12	417)	13	457)	2	497)	12	537)	6	577)	9
338)	7	378)	5	418)	15	458)	11	498)	9	538)	10	578)	12
339)	10	379)	6	419)	8	459)	9	499)	9	539)	2	579)	5
340)	7	380)	9	420)	16	460)	6	500)	8	540)	12	580)	7
341)	10	381)	6	421)	7	461)	15	501)	3	541)	12	581)	10
342)	6	382)	6	422)	6	462)	15	502)	10	542)	9	582)	9
343)	5	383)	12	423)	6	463)	11	503)	9	543)	11	583)	10
344)	9	384)	12	424)	3	464)	13	504)	14	544)	13	584)	6
345)	14	385)	10	425)	10	465)	2	505)	10	545)	5	585)	10
346)	5	386)	13	426)	17	466)	13	506)	4	546)	5	586)	9
347)	11	387)	1	427)	3	467)	6	507)	2	547)	10	587)	14
348)	10	388)	11	428)	16	468)	12	508)	17	548)	2	588)	2
349)	6	389)	9	429)	2	469)	5	509)	10	549)	10	589)	14
350)	4	390)	11	430)	11	470)	11	510)	5	550)	11	590)	8
351)	8	391)	11	431)	1	471)	10	511)	13	551)	9	591)	10
352)	8	392)	12	432)	8	472)	5	512)	2	552)	3	592)	6
353)	11	393)	3	433)	11	473)	2	513)	14	553)	16	593)	9
354)	10	394)	14	434)	12	474)	11	514)	1	554)	3	594)	5
355)	14	395)	4	435)	16	475)	14	515)	2	555)	7	595)	2
356)	8	396)	14	436)	4	476)	8	516)	7	556)	2	596)	15
357)	2	397)	10	437)	8	477)	5	517)	4	557)	15	597)	5
358)	14	398)	10	438)	7	478)	12	518)	4	558)	14	598)	3
359)	5	399)	8	439)	2	479)	5	519)	8	559)	7	599)	2
360)	10	400)	10	440)	2	480)	13	520)	8	560)	3	600)	4

Solutions - Math Everywhere

Addition Level 2

#	Ans	#	Ans	#	Ans	#	Ans	#	Ans	#	Ans	#	Ans	#	Ans
1)	29	41)	19	81)	42	121)	25	161)	14	201)	43	241)	96	281)	70
2)	35	42)	19	82)	30	122)	14	162)	55	202)	31	242)	35	282)	70
3)	28	43)	28	83)	49	123)	25	163)	46	203)	58	243)	85	283)	96
4)	36	44)	24	84)	45	124)	40	164)	18	204)	47	244)	24	284)	89
5)	26	45)	22	85)	43	125)	48	165)	71	205)	73	245)	84	285)	50
6)	16	46)	14	86)	26	126)	36	166)	65	206)	28	246)	31	286)	51
7)	31	47)	13	87)	42	127)	53	167)	19	207)	68	247)	88	287)	20
8)	33	48)	20	88)	31	128)	51	168)	68	208)	47	248)	57	288)	64
9)	20	49)	13	89)	46	129)	43	169)	52	209)	24	249)	56	289)	66
10)	24	50)	28	90)	20	130)	38	170)	66	210)	33	250)	96	290)	26
11)	24	51)	17	91)	27	131)	18	171)	17	211)	19	251)	54	291)	85
12)	24	52)	17	92)	50	132)	22	172)	74	212)	35	252)	35	292)	24
13)	21	53)	27	93)	13	133)	17	173)	36	213)	67	253)	26	293)	71
14)	18	54)	24	94)	23	134)	38	174)	71	214)	36	254)	36	294)	87
15)	21	55)	37	95)	30	135)	35	175)	36	215)	78	255)	62	295)	31
16)	25	56)	24	96)	46	136)	47	176)	35	216)	52	256)	36	296)	102
17)	31	57)	30	97)	43	137)	22	177)	15	217)	57	257)	68	297)	42
18)	31	58)	21	98)	54	138)	25	178)	58	218)	54	258)	73	298)	19
19)	25	59)	26	99)	32	139)	41	179)	41	219)	34	259)	79	299)	47
20)	25	60)	20	100)	40	140)	43	180)	49	220)	61	260)	19	300)	83
21)	29	61)	28	101)	51	141)	15	181)	46	221)	36	261)	25	301)	85
22)	32	62)	28	102)	29	142)	47	182)	52	222)	55	262)	76	302)	44
23)	26	63)	22	103)	57	143)	34	183)	44	223)	18	263)	29	303)	96
24)	32	64)	29	104)	38	144)	32	184)	54	224)	45	264)	49	304)	39
25)	30	65)	28	105)	25	145)	46	185)	28	225)	25	265)	75	305)	98
26)	33	66)	16	106)	46	146)	20	186)	47	226)	43	266)	85	306)	69
27)	27	67)	24	107)	41	147)	52	187)	64	227)	56	267)	29	307)	79
28)	26	68)	21	108)	41	148)	26	188)	16	228)	64	268)	34	308)	69
29)	33	69)	31	109)	24	149)	30	189)	74	229)	51	269)	74	309)	34
30)	30	70)	17	110)	30	150)	23	190)	61	230)	55	270)	83	310)	13
31)	31	71)	27	111)	56	151)	46	191)	21	231)	11	271)	20	311)	77
32)	34	72)	25	112)	52	152)	23	192)	72	232)	63	272)	48	312)	51
33)	19	73)	34	113)	36	153)	42	193)	34	233)	16	273)	22	313)	103
34)	20	74)	33	114)	33	154)	52	194)	33	234)	54	274)	32	314)	105
35)	31	75)	29	115)	42	155)	32	195)	35	235)	68	275)	64	315)	38
36)	26	76)	24	116)	37	156)	13	196)	66	236)	13	276)	85	316)	94
37)	23	77)	28	117)	32	157)	22	197)	14	237)	56	277)	64	317)	44
38)	20	78)	33	118)	30	158)	42	198)	47	238)	28	278)	56	318)	71
39)	24	79)	30	119)	20	159)	42	199)	44	239)	36	279)	102	319)	79
40)	35	80)	25	120)	17	160)	25	200)	67	240)	72	280)	40	320)	96

Solutions to Problems

Addition Level 2

321) 77	361) 73	401) 65	441) 48	481) 30	521) 30	561) 15
322) 47	362) 49	402) 20	442) 36	482) 62	522) 59	562) 67
323) 99	363) 71	403) 48	443) 55	483) 58	523) 59	563) 18
324) 53	364) 32	404) 66	444) 45	484) 33	524) 30	564) 72
325) 26	365) 80	405) 29	445) 58	485) 68	525) 60	565) 93
326) 53	366) 39	406) 89	446) 85	486) 103	526) 83	566) 32
327) 18	367) 78	407) 19	447) 18	487) 33	527) 30	567) 43
328) 60	368) 29	408) 47	448) 31	488) 68	528) 79	568) 69
329) 33	369) 43	409) 97	449) 97	489) 27	529) 42	569) 48
330) 22	370) 27	410) 80	450) 88	490) 36	530) 68	570) 63
331) 87	371) 84	411) 83	451) 69	491) 39	531) 36	571) 21
332) 41	372) 29	412) 50	452) 78	492) 48	532) 38	572) 92
333) 32	373) 92	413) 89	453) 97	493) 101	533) 46	573) 95
334) 78	374) 45	414) 25	454) 65	494) 98	534) 45	574) 80
335) 27	375) 88	415) 43	455) 34	495) 66	535) 63	575) 65
336) 20	376) 101	416) 80	456) 72	496) 25	536) 30	576) 21
337) 18	377) 22	417) 58	457) 81	497) 95	537) 45	577) 36
338) 51	378) 43	418) 59	458) 86	498) 101	538) 39	578) 30
339) 97	379) 45	419) 60	459) 93	499) 38	539) 91	579) 83
340) 12	380) 33	420) 70	460) 35	500) 76	540) 70	580) 19
341) 68	381) 82	421) 93	461) 83	501) 67	541) 96	581) 24
342) 53	382) 72	422) 69	462) 13	502) 101	542) 79	582) 39
343) 76	383) 32	423) 25	463) 59	503) 62	543) 85	583) 24
344) 20	384) 52	424) 35	464) 76	504) 63	544) 48	584) 57
345) 74	385) 61	425) 100	465) 77	505) 51	545) 19	585) 48
346) 43	386) 39	426) 102	466) 82	506) 41	546) 96	586) 71
347) 54	387) 57	427) 46	467) 46	507) 97	547) 41	587) 59
348) 19	388) 73	428) 64	468) 23	508) 68	548) 50	588) 35
349) 49	389) 44	429) 76	469) 90	509) 59	549) 60	589) 28
350) 78	390) 80	430) 71	470) 48	510) 52	550) 104	590) 83
351) 71	391) 48	431) 22	471) 87	511) 70	551) 78	591) 70
352) 39	392) 71	432) 25	472) 92	512) 86	552) 21	592) 35
353) 28	393) 19	433) 60	473) 58	513) 85	553) 71	593) 75
354) 68	394) 93	434) 85	474) 78	514) 45	554) 40	594) 84
355) 30	395) 57	435) 84	475) 36	515) 46	555) 100	595) 68
356) 89	396) 15	436) 45	476) 45	516) 87	556) 81	596) 29
357) 24	397) 66	437) 45	477) 100	517) 75	557) 66	597) 14
358) 51	398) 30	438) 102	478) 27	518) 63	558) 63	598) 21
359) 86	399) 55	439) 101	479) 89	519) 38	559) 33	599) 92
360) 44	400) 102	440) 33	480) 28	520) 37	560) 11	600) 90

Solutions - Math Everywhere

Addition Level 3

1)	37	41)	42	81)	115	121)	143	161)	120	201)	131	241)	143	281)	159
2)	44	42)	61	82)	65	122)	131	162)	123	202)	132	242)	151	282)	54
3)	49	43)	54	83)	45	123)	113	163)	127	203)	144	243)	176	283)	136
4)	35	44)	72	84)	82	124)	126	164)	134	204)	149	244)	173	284)	143
5)	48	45)	51	85)	39	125)	114	165)	137	205)	122	245)	143	285)	163
6)	42	46)	49	86)	97	126)	115	166)	139	206)	144	246)	166	286)	136
7)	51	47)	68	87)	114	127)	74	167)	104	207)	136	247)	139	287)	101
8)	52	48)	69	88)	84	128)	141	168)	142	208)	106	248)	153	288)	148
9)	40	49)	52	89)	98	129)	150	169)	100	209)	110	249)	141	289)	28
10)	36	50)	76	90)	127	130)	154	170)	132	210)	120	250)	144	290)	38
11)	36	51)	73	91)	33	131)	98	171)	104	211)	113	251)	165	291)	48
12)	57	52)	58	92)	98	132)	122	172)	140	212)	141	252)	152	292)	85
13)	55	53)	43	93)	96	133)	69	173)	131	213)	138	253)	149	293)	91
14)	39	54)	71	94)	34	134)	87	174)	133	214)	123	254)	132	294)	90
15)	55	55)	66	95)	110	135)	134	175)	159	215)	91	255)	141	295)	170
16)	34	56)	51	96)	39	136)	132	176)	130	216)	132	256)	135	296)	90
17)	30	57)	38	97)	66	137)	100	177)	130	217)	143	257)	148	297)	68
18)	45	58)	64	98)	76	138)	105	178)	104	218)	102	258)	156	298)	137
19)	41	59)	66	99)	99	139)	152	179)	167	219)	108	259)	148	299)	67
20)	29	60)	63	100)	25	140)	105	180)	113	220)	127	260)	159	300)	173
21)	38	61)	81	101)	61	141)	144	181)	103	221)	145	261)	127	301)	74
22)	51	62)	68	102)	82	142)	146	182)	119	222)	110	262)	163	302)	137
23)	44	63)	59	103)	122	143)	105	183)	94	223)	132	263)	149	303)	99
24)	40	64)	51	104)	65	144)	120	184)	134	224)	135	264)	176	304)	143
25)	39	65)	75	105)	80	145)	77	185)	91	225)	103	265)	127	305)	151
26)	42	66)	34	106)	49	146)	131	186)	100	226)	140	266)	146	306)	89
27)	35	67)	54	107)	53	147)	114	187)	152	227)	122	267)	149	307)	100
28)	49	68)	67	108)	106	148)	75	188)	142	228)	135	268)	174	308)	141
29)	34	69)	59	109)	51	149)	73	189)	115	229)	103	269)	155	309)	134
30)	54	70)	52	110)	86	150)	89	190)	149	230)	99	270)	131	310)	46
31)	43	71)	50	111)	86	151)	124	191)	143	231)	129	271)	171	311)	84
32)	55	72)	53	112)	97	152)	117	192)	119	232)	123	272)	143	312)	177
33)	40	73)	88	113)	72	153)	82	193)	130	233)	130	273)	142	313)	128
34)	43	74)	81	114)	118	154)	144	194)	115	234)	144	274)	134	314)	168
35)	41	75)	84	115)	40	155)	113	195)	103	235)	121	275)	156	315)	138
36)	39	76)	57	116)	49	156)	101	196)	107	236)	139	276)	157	316)	120
37)	27	77)	46	117)	103	157)	101	197)	110	237)	157	277)	140	317)	66
38)	33	78)	74	118)	71	158)	103	198)	105	238)	127	278)	163	318)	172
39)	48	79)	60	119)	99	159)	128	199)	100	239)	138	279)	136	319)	89
40)	35	80)	37	120)	69	160)	154	200)	154	240)	124	280)	147	320)	129

Addition Level 3

321)	127	361)	97	401)	116	441)	107	481)	82	521)	49	561)	145
322)	147	362)	116	402)	60	442)	78	482)	105	522)	66	562)	105
323)	128	363)	57	403)	132	443)	137	483)	75	523)	140	563)	163
324)	43	364)	136	404)	84	444)	44	484)	56	524)	80	564)	46
325)	115	365)	138	405)	125	445)	117	485)	163	525)	82	565)	53
326)	128	366)	82	406)	173	446)	115	486)	177	526)	106	566)	112
327)	90	367)	129	407)	143	447)	56	487)	160	527)	85	567)	117
328)	120	368)	156	408)	129	448)	93	488)	96	528)	113	568)	61
329)	78	369)	145	409)	103	449)	116	489)	133	529)	76	569)	116
330)	116	370)	141	410)	97	450)	187	490)	63	530)	150	570)	74
331)	136	371)	117	411)	135	451)	65	491)	104	531)	133	571)	146
332)	66	372)	137	412)	94	452)	109	492)	116	532)	142	572)	51
333)	96	373)	27	413)	125	453)	137	493)	132	533)	99	573)	145
334)	145	374)	138	414)	99	454)	80	494)	164	534)	56	574)	43
335)	141	375)	44	415)	97	455)	135	495)	77	535)	95	575)	101
336)	114	376)	145	416)	93	456)	154	496)	94	536)	103	576)	190
337)	67	377)	117	417)	60	457)	100	497)	151	537)	99	577)	108
338)	60	378)	149	418)	135	458)	95	498)	101	538)	109	578)	142
339)	125	379)	139	419)	75	459)	108	499)	85	539)	78	579)	54
340)	91	380)	126	420)	155	460)	122	500)	184	540)	125	580)	115
341)	154	381)	131	421)	76	461)	117	501)	48	541)	87	581)	86
342)	98	382)	115	422)	126	462)	94	502)	140	542)	110	582)	131
343)	190	383)	119	423)	155	463)	75	503)	124	543)	69	583)	109
344)	92	384)	86	424)	108	464)	149	504)	126	544)	102	584)	123
345)	55	385)	92	425)	156	465)	127	505)	65	545)	103	585)	193
346)	134	386)	39	426)	187	466)	124	506)	105	546)	96	586)	128
347)	97	387)	157	427)	104	467)	145	507)	84	547)	159	587)	81
348)	145	388)	106	428)	171	468)	131	508)	48	548)	79	588)	98
349)	91	389)	161	429)	96	469)	43	509)	126	549)	80	589)	85
350)	114	390)	100	430)	87	470)	101	510)	128	550)	92	590)	61
351)	133	391)	138	431)	99	471)	84	511)	112	551)	58	591)	129
352)	57	392)	163	432)	125	472)	120	512)	141	552)	102	592)	128
353)	155	393)	58	433)	110	473)	143	513)	76	553)	118	593)	103
354)	147	394)	125	434)	126	474)	76	514)	132	554)	141	594)	91
355)	105	395)	135	435)	92	475)	131	515)	106	555)	101	595)	57
356)	158	396)	119	436)	145	476)	137	516)	68	556)	127	596)	65
357)	113	397)	68	437)	99	477)	162	517)	137	557)	138	597)	131
358)	58	398)	139	438)	118	478)	109	518)	129	558)	109	598)	187
359)	135	399)	161	439)	105	479)	144	519)	149	559)	64	599)	70
360)	84	400)	143	440)	87	480)	120	520)	135	560)	85	600)	157

Solutions to Problems

Substraction Level 1

#	ans	#	ans	#	ans	#	ans	#	ans	#	ans	#	ans	#	ans
1)	1	41)	1	81)	0	121)	-2	161)	4	201)	-2	241)	-7	281)	-4
2)	4	42)	-2	82)	-5	122)	5	162)	3	202)	-5	242)	1	282)	2
3)	4	43)	-4	83)	3	123)	-5	163)	-3	203)	4	243)	-3	283)	-1
4)	-2	44)	-2	84)	3	124)	-2	164)	0	204)	-5	244)	-3	284)	4
5)	3	45)	0	85)	3	125)	-8	165)	6	205)	-4	245)	-3	285)	-3
6)	1	46)	6	86)	-5	126)	-2	166)	1	206)	2	246)	-9	286)	0
7)	-3	47)	2	87)	-5	127)	4	167)	6	207)	2	247)	-3	287)	-1
8)	2	48)	-4	88)	-3	128)	-1	168)	1	208)	1	248)	7	288)	2
9)	3	49)	5	89)	3	129)	-2	169)	2	209)	-4	249)	6	289)	-3
10)	-2	50)	3	90)	-3	130)	-6	170)	5	210)	-2	250)	-1	290)	-3
11)	2	51)	-2	91)	-1	131)	1	171)	1	211)	3	251)	-1	291)	8
12)	3	52)	-4	92)	1	132)	-5	172)	1	212)	-9	252)	0	292)	-1
13)	1	53)	2	93)	-4	133)	1	173)	-4	213)	-1	253)	-1	293)	-4
14)	0	54)	6	94)	2	134)	2	174)	-3	214)	0	254)	3	294)	-6
15)	6	55)	0	95)	-1	135)	-4	175)	4	215)	4	255)	4	295)	0
16)	5	56)	0	96)	2	136)	-3	176)	0	216)	-3	256)	-2	296)	-3
17)	-2	57)	3	97)	5	137)	2	177)	3	217)	2	257)	2	297)	-2
18)	0	58)	1	98)	0	138)	-2	178)	-3	218)	-5	258)	-2	298)	4
19)	2	59)	-4	99)	4	139)	0	179)	-1	219)	4	259)	-3	299)	0
20)	-3	60)	0	100)	3	140)	0	180)	-4	220)	-7	260)	0	300)	-3
21)	-2	61)	1	101)	-2	141)	-1	181)	-1	221)	2	261)	2	301)	-1
22)	3	62)	1	102)	0	142)	0	182)	1	222)	-2	262)	-6	302)	-5
23)	1	63)	2	103)	-6	143)	0	183)	-6	223)	3	263)	-1	303)	-2
24)	0	64)	-1	104)	-5	144)	3	184)	1	224)	5	264)	-7	304)	-4
25)	6	65)	4	105)	2	145)	-4	185)	-6	225)	5	265)	-2	305)	-3
26)	2	66)	0	106)	-2	146)	-7	186)	2	226)	1	266)	-3	306)	-3
27)	4	67)	0	107)	-2	147)	-4	187)	1	227)	4	267)	-3	307)	2
28)	3	68)	-1	108)	3	148)	-2	188)	6	228)	-5	268)	0	308)	-6
29)	4	69)	5	109)	-4	149)	-1	189)	-2	229)	-5	269)	7	309)	-2
30)	7	70)	8	110)	-2	150)	-4	190)	5	230)	-8	270)	-2	310)	-7
31)	0	71)	4	111)	1	151)	-3	191)	3	231)	-2	271)	-2	311)	2
32)	4	72)	3	112)	3	152)	0	192)	-3	232)	-1	272)	-2	312)	6
33)	-1	73)	2	113)	5	153)	2	193)	-6	233)	1	273)	2	313)	5
34)	6	74)	6	114)	4	154)	-1	194)	-3	234)	5	274)	0	314)	0
35)	1	75)	0	115)	-3	155)	0	195)	2	235)	0	275)	6	315)	-2
36)	2	76)	2	116)	-5	156)	-1	196)	-5	236)	0	276)	1	316)	6
37)	0	77)	3	117)	4	157)	0	197)	-1	237)	-7	277)	1	317)	7
38)	1	78)	-5	118)	-2	158)	0	198)	-6	238)	-1	278)	3	318)	0
39)	1	79)	3	119)	-5	159)	-3	199)	-5	239)	0	279)	-1	319)	2
40)	6	80)	-3	120)	2	160)	-3	200)	1	240)	5	280)	0	320)	-3

Solutions - Math Everywhere

Solutions to Problems

Substraction Level 1

321) -1	361) -1	401) 3	441) 3	481) -8	521) 0	561) -3
322) -1	362) -6	402) -1	442) -2	482) -1	522) -3	562) -2
323) 0	363) 5	403) 0	443) -4	483) -5	523) -6	563) 0
324) 7	364) -7	404) -2	444) 1	484) 6	524) -4	564) 0
325) -1	365) -1	405) 1	445) 8	485) -2	525) 2	565) -5
326) 4	366) -4	406) 3	446) 0	486) 5	526) -2	566) -1
327) -1	367) -5	407) 1	447) 2	487) 1	527) -8	567) -9
328) 3	368) 1	408) -6	448) -2	488) -4	528) 2	568) 1
329) 3	369) 3	409) 0	449) -1	489) 7	529) 0	569) -5
330) 0	370) 4	410) 4	450) 0	490) -1	530) -5	570) 1
331) -8	371) -2	411) 1	451) -2	491) -1	531) -1	571) -1
332) 7	372) 1	412) -1	452) 3	492) 0	532) 5	572) -6
333) -4	373) -1	413) 5	453) 1	493) -4	533) -5	573) 4
334) 3	374) 0	414) -4	454) 5	494) 0	534) -7	574) 3
335) -1	375) 9	415) -2	455) -9	495) 5	535) -6	575) 1
336) -3	376) 0	416) -6	456) 3	496) -2	536) 1	576) 1
337) 1	377) 3	417) -1	457) 2	497) 0	537) -5	577) 0
338) -1	378) 0	418) 2	458) 0	498) 1	538) 2	578) 7
339) 4	379) 1	419) -3	459) 0	499) -1	539) -4	579) -2
340) 6	380) -3	420) 4	460) 0	500) 1	540) -1	580) 3
341) -6	381) -3	421) 2	461) 5	501) 0	541) -1	581) 3
342) 1	382) -4	422) 5	462) 5	502) -3	542) -1	582) 1
343) 4	383) 0	423) -2	463) -2	503) -6	543) 1	583) -1
344) -2	384) 3	424) -2	464) 1	504) 5	544) -1	584) -6
345) -6	385) 0	425) -4	465) 2	505) -2	545) -3	585) 7
346) 2	386) 1	426) 4	466) 4	506) 4	546) -4	586) -4
347) 1	387) -1	427) -5	467) -5	507) 1	547) -3	587) 0
348) 2	388) 5	428) 2	468) 1	508) 3	548) 0	588) -1
349) -7	389) 3	429) 1	469) -5	509) -3	549) -5	589) 4
350) -4	390) 3	430) 4	470) -1	510) 2	550) 1	590) 2
351) 5	391) -1	431) -1	471) -5	511) 0	551) -2	591) -5
352) 4	392) 1	432) 0	472) -4	512) -4	552) -6	592) 0
353) 4	393) -7	433) 1	473) 1	513) 2	553) 6	593) -3
354) -6	394) -4	434) -3	474) 1	514) -2	554) -4	594) 5
355) 6	395) -1	435) -3	475) 7	515) 4	555) 0	595) 2
356) 5	396) 0	436) 0	476) -4	516) -7	556) 3	596) -7
357) 3	397) 0	437) -5	477) -7	517) 1	557) -6	597) -2
358) -2	398) 0	438) 5	478) 2	518) -1	558) 6	598) 0
359) -3	399) 3	439) 1	479) 3	519) 5	559) 5	599) 6
360) -7	400) -6	440) -1	480) -3	520) -8	560) 2	600) 2

Substraction Level 2

#	Ans	#	Ans	#	Ans	#	Ans	#	Ans	#	Ans	#	Ans	#	Ans
1)	6	41)	24	81)	42	121)	6	161)	59	201)	28	241)	83	281)	72
2)	24	42)	26	82)	21	122)	25	162)	5	202)	42	242)	27	282)	70
3)	23	43)	11	83)	20	123)	41	163)	17	203)	14	243)	36	283)	66
4)	25	44)	14	84)	18	124)	34	164)	65	204)	19	244)	78	284)	33
5)	16	45)	5	85)	11	125)	44	165)	24	205)	58	245)	58	285)	65
6)	28	46)	8	86)	40	126)	9	166)	61	206)	47	246)	21	286)	44
7)	28	47)	14	87)	4	127)	13	167)	53	207)	1	247)	85	287)	76
8)	5	48)	5	88)	37	128)	30	168)	62	208)	47	248)	77	288)	63
9)	20	49)	19	89)	12	129)	37	169)	38	209)	18	249)	6	289)	39
10)	10	50)	6	90)	43	130)	2	170)	46	210)	27	250)	44	290)	16
11)	5	51)	18	91)	41	131)	19	171)	23	211)	57	251)	64	291)	35
12)	14	52)	11	92)	28	132)	23	172)	67	212)	22	252)	18	292)	3
13)	27	53)	12	93)	12	133)	12	173)	20	213)	55	253)	25	293)	82
14)	20	54)	13	94)	20	134)	16	174)	40	214)	37	254)	91	294)	24
15)	9	55)	10	95)	33	135)	23	175)	9	215)	39	255)	8	295)	64
16)	8	56)	8	96)	18	136)	33	176)	65	216)	16	256)	73	296)	72
17)	8	57)	12	97)	30	137)	15	177)	49	217)	56	257)	66	297)	30
18)	10	58)	28	98)	15	138)	28	178)	56	218)	59	258)	91	298)	27
19)	19	59)	12	99)	41	139)	20	179)	30	219)	33	259)	35	299)	18
20)	7	60)	19	100)	11	140)	17	180)	25	220)	55	260)	14	300)	38
21)	2	61)	2	101)	19	141)	46	181)	18	221)	36	261)	35	301)	17
22)	18	62)	12	102)	8	142)	17	182)	63	222)	25	262)	81	302)	21
23)	8	63)	6	103)	47	143)	27	183)	46	223)	54	263)	49	303)	74
24)	7	64)	21	104)	46	144)	26	184)	18	224)	31	264)	17	304)	5
25)	24	65)	20	105)	18	145)	35	185)	43	225)	10	265)	75	305)	67
26)	20	66)	5	106)	44	146)	21	186)	48	226)	18	266)	29	306)	41
27)	22	67)	14	107)	32	147)	10	187)	41	227)	36	267)	19	307)	45
28)	21	68)	23	108)	32	148)	18	188)	52	228)	50	268)	92	308)	83
29)	15	69)	25	109)	24	149)	8	189)	9	229)	33	269)	86	309)	27
30)	21	70)	23	110)	24	150)	7	190)	16	230)	40	270)	60	310)	18
31)	13	71)	21	111)	27	151)	6	191)	12	231)	7	271)	68	311)	55
32)	10	72)	4	112)	10	152)	35	192)	20	232)	66	272)	47	312)	79
33)	19	73)	9	113)	14	153)	28	193)	27	233)	20	273)	71	313)	56
34)	5	74)	26	114)	39	154)	36	194)	23	234)	12	274)	41	314)	22
35)	6	75)	8	115)	41	155)	38	195)	49	235)	60	275)	24	315)	10
36)	7	76)	20	116)	42	156)	9	196)	58	236)	16	276)	94	316)	17
37)	21	77)	20	117)	7	157)	27	197)	46	237)	40	277)	52	317)	23
38)	19	78)	15	118)	23	158)	9	198)	50	238)	3	278)	38	318)	80
39)	19	79)	7	119)	43	159)	17	199)	24	239)	52	279)	63	319)	49
40)	8	80)	20	120)	27	160)	31	200)	17	240)	14	280)	47	320)	83

Solutions - Math Everywhere

Substraction Level 2

321) 23	361) 21	401) 20	441) 20	481) 33	521) 26	561) 90
322) 9	362) 90	402) 55	442) 66	482) 65	522) 14	562) 31
323) 16	363) 57	403) 92	443) 27	483) 72	523) 59	563) 79
324) 3	364) 32	404) 74	444) 24	484) 3	524) 23	564) 57
325) 23	365) 46	405) 47	445) 41	485) 87	525) 63	565) 72
326) 47	366) 6	406) 14	446) 46	486) 89	526) 77	566) 28
327) 65	367) 69	407) 56	447) 70	487) 63	527) 27	567) 59
328) 96	368) 35	408) 90	448) 12	488) 62	528) 28	568) 17
329) 84	369) 17	409) 49	449) 75	489) 86	529) 75	569) 17
330) 70	370) 62	410) 39	450) 89	490) 38	530) 62	570) 15
331) 70	371) 75	411) 50	451) 63	491) 92	531) 83	571) 26
332) 7	372) 54	412) 67	452) 72	492) 26	532) 80	572) 62
333) 39	373) 47	413) 49	453) 61	493) 12	533) 32	573) 25
334) 18	374) 41	414) 15	454) 93	494) 40	534) 38	574) 79
335) 74	375) 16	415) 68	455) 50	495) 61	535) 55	575) 52
336) 24	376) 46	416) 20	456) 52	496) 28	536) 56	576) 16
337) 83	377) 72	417) 81	457) 57	497) 41	537) 15	577) 94
338) 81	378) 81	418) 31	458) 65	498) 27	538) 29	578) 70
339) 33	379) 69	419) 79	459) 2	499) 41	539) 49	579) 96
340) 15	380) 79	420) 62	460) 73	500) 4	540) 25	580) 83
341) 53	381) 90	421) 54	461) 70	501) 63	541) 39	581) 24
342) 37	382) 43	422) 72	462) 9	502) 88	542) 38	582) 58
343) 50	383) 42	423) 24	463) 9	503) 50	543) 66	583) 73
344) 44	384) 71	424) 16	464) 49	504) 41	544) 21	584) 80
345) 38	385) 18	425) 42	465) 91	505) 79	545) 87	585) 41
346) 54	386) 18	426) 80	466) 55	506) 83	546) 16	586) 88
347) 67	387) 84	427) 76	467) 15	507) 33	547) 43	587) 6
348) 73	388) 42	428) 90	468) 92	508) 63	548) 34	588) 51
349) 19	389) 93	429) 53	469) 42	509) 41	549) 62	589) 23
350) 79	390) 17	430) 83	470) 42	510) 88	550) 52	590) 51
351) 71	391) 28	431) 53	471) 85	511) 65	551) 14	591) 27
352) 47	392) 33	432) 50	472) 39	512) 74	552) 86	592) 60
353) 32	393) 50	433) 90	473) 10	513) 81	553) 26	593) 66
354) 34	394) 68	434) 70	474) 20	514) 30	554) 24	594) 28
355) 83	395) 26	435) 39	475) 67	515) 50	555) 71	595) 32
356) 98	396) 84	436) 15	476) 33	516) 30	556) 64	596) 51
357) 9	397) 17	437) 43	477) 75	517) 18	557) 12	597) 94
358) 80	398) 23	438) 84	478) 81	518) 80	558) 19	598) 53
359) 93	399) 70	439) 80	479) 75	519) 65	559) 37	599) 38
360) 64	400) 56	440) 41	480) 86	520) 83	560) 47	600) 57

Substraction Level 3

#	Ans	#	Ans	#	Ans	#	Ans	#	Ans	#	Ans	#	Ans	#	Ans
1)	-10	41)	6	81)	-38	121)	44	161)	-21	201)	4	241)	-23	281)	-16
2)	5	42)	4	82)	13	122)	10	162)	-2	202)	17	242)	-6	282)	-65
3)	9	43)	-34	83)	-1	123)	2	163)	42	203)	11	243)	8	283)	17
4)	-12	44)	-19	84)	-51	124)	-9	164)	-32	204)	-7	244)	-4	284)	-8
5)	8	45)	-18	85)	30	125)	-2	165)	-29	205)	-32	245)	-9	285)	1
6)	-15	46)	-5	86)	9	126)	11	166)	20	206)	-32	246)	12	286)	-11
7)	4	47)	-3	87)	12	127)	1	167)	-24	207)	-19	247)	13	287)	0
8)	7	48)	8	88)	-11	128)	11	168)	-27	208)	-15	248)	18	288)	42
9)	2	49)	6	89)	-20	129)	6	169)	-5	209)	-5	249)	11	289)	18
10)	2	50)	-17	90)	-7	130)	30	170)	-19	210)	20	250)	17	290)	14
11)	2	51)	27	91)	23	131)	7	171)	-25	211)	-13	251)	10	291)	-33
12)	-8	52)	4	92)	4	132)	24	172)	4	212)	-15	252)	-6	292)	-18
13)	-6	53)	6	93)	24	133)	-43	173)	0	213)	-5	253)	16	293)	-46
14)	-7	54)	-1	94)	-12	134)	-5	174)	16	214)	28	254)	11	294)	45
15)	-5	55)	13	95)	-34	135)	-4	175)	13	215)	2	255)	18	295)	-9
16)	11	56)	-10	96)	2	136)	14	176)	5	216)	9	256)	1	296)	9
17)	-7	57)	0	97)	-1	137)	-46	177)	2	217)	20	257)	9	297)	-31
18)	-7	58)	-6	98)	-10	138)	18	178)	-6	218)	-7	258)	2	298)	-21
19)	-1	59)	-7	99)	10	139)	8	179)	-19	219)	21	259)	-2	299)	9
20)	13	60)	-3	100)	-2	140)	40	180)	-17	220)	5	260)	-5	300)	0
21)	-4	61)	4	101)	-25	141)	27	181)	36	221)	0	261)	3	301)	-38
22)	14	62)	-26	102)	24	142)	-3	182)	-7	222)	25	262)	-13	302)	-34
23)	-7	63)	13	103)	20	143)	41	183)	2	223)	5	263)	-5	303)	54
24)	6	64)	-2	104)	-19	144)	13	184)	-11	224)	-27	264)	-5	304)	0
25)	12	65)	18	105)	35	145)	-6	185)	8	225)	5	265)	24	305)	3
26)	-10	66)	-8	106)	1	146)	-14	186)	-5	226)	-6	266)	4	306)	-2
27)	3	67)	0	107)	-23	147)	-43	187)	1	227)	-13	267)	-19	307)	72
28)	-14	68)	-10	108)	-6	148)	15	188)	-14	228)	-2	268)	-4	308)	28
29)	10	69)	12	109)	-1	149)	3	189)	28	229)	36	269)	2	309)	-64
30)	8	70)	-7	110)	6	150)	-10	190)	-34	230)	-24	270)	-8	310)	3
31)	5	71)	-6	111)	-19	151)	-16	191)	24	231)	-16	271)	17	311)	38
32)	-2	72)	1	112)	-21	152)	-10	192)	-4	232)	-16	272)	-13	312)	58
33)	3	73)	-23	113)	-2	153)	-26	193)	18	233)	-26	273)	0	313)	-34
34)	3	74)	32	114)	22	154)	-29	194)	5	234)	-4	274)	-26	314)	-44
35)	-2	75)	-28	115)	0	155)	4	195)	-8	235)	-10	275)	-6	315)	-11
36)	2	76)	32	116)	-45	156)	9	196)	-15	236)	-20	276)	5	316)	57
37)	-4	77)	-5	117)	-8	157)	4	197)	-14	237)	-17	277)	-13	317)	-30
38)	-5	78)	28	118)	-38	158)	-19	198)	-2	238)	4	278)	21	318)	-18
39)	3	79)	5	119)	-2	159)	33	199)	-21	239)	-12	279)	-1	319)	-57
40)	-2	80)	14	120)	-3	160)	-16	200)	35	240)	-15	280)	20	320)	-77

Solutions - Math Everywhere

Solutions to Problems

Substraction Level 3

321)	12	361)	69	401)	-58	441)	-78	481)	-15	521)	47	561)	-55
322)	-1	362)	1	402)	-14	442)	-47	482)	35	522)	25	562)	3
323)	-57	363)	-44	403)	19	443)	-22	483)	-17	523)	83	563)	74
324)	22	364)	24	404)	58	444)	9	484)	-11	524)	-88	564)	11
325)	30	365)	-15	405)	29	445)	-11	485)	35	525)	16	565)	-14
326)	47	366)	13	406)	-6	446)	2	486)	-67	526)	-48	566)	-32
327)	29	367)	-8	407)	-45	447)	-38	487)	-30	527)	-18	567)	-52
328)	65	368)	21	408)	24	448)	-17	488)	-13	528)	47	568)	27
329)	-10	369)	46	409)	38	449)	-74	489)	10	529)	45	569)	6
330)	42	370)	-26	410)	46	450)	7	490)	-47	530)	33	570)	20
331)	1	371)	-23	411)	-66	451)	11	491)	52	531)	-12	571)	16
332)	-4	372)	-21	412)	-15	452)	11	492)	-30	532)	7	572)	-9
333)	-5	373)	24	413)	-36	453)	-11	493)	22	533)	-3	573)	-39
334)	-44	374)	32	414)	2	454)	-61	494)	-16	534)	30	574)	-5
335)	55	375)	8	415)	28	455)	23	495)	24	535)	18	575)	29
336)	40	376)	-23	416)	-77	456)	4	496)	-19	536)	-65	576)	-12
337)	11	377)	0	417)	-60	457)	15	497)	63	537)	41	577)	8
338)	62	378)	54	418)	24	458)	-42	498)	18	538)	28	578)	35
339)	-1	379)	-7	419)	11	459)	8	499)	21	539)	-42	579)	7
340)	-58	380)	-8	420)	-75	460)	27	500)	-28	540)	22	580)	51
341)	18	381)	3	421)	-12	461)	43	501)	41	541)	-8	581)	9
342)	-7	382)	-3	422)	28	462)	-1	502)	11	542)	4	582)	16
343)	-33	383)	-82	423)	4	463)	0	503)	39	543)	-1	583)	-42
344)	-43	384)	36	424)	48	464)	-21	504)	-38	544)	77	584)	8
345)	16	385)	12	425)	-1	465)	-41	505)	-7	545)	34	585)	-10
346)	34	386)	0	426)	18	466)	27	506)	9	546)	-37	586)	-8
347)	29	387)	19	427)	27	467)	17	507)	-18	547)	11	587)	78
348)	20	388)	-18	428)	-55	468)	-36	508)	31	548)	-17	588)	-7
349)	23	389)	21	429)	-17	469)	53	509)	-37	549)	9	589)	26
350)	59	390)	56	430)	33	470)	-8	510)	-39	550)	-39	590)	23
351)	46	391)	34	431)	-33	471)	18	511)	45	551)	-75	591)	-44
352)	42	392)	63	432)	-39	472)	-6	512)	75	552)	-23	592)	-6
353)	2	393)	-1	433)	72	473)	23	513)	-57	553)	-81	593)	30
354)	-15	394)	19	434)	-32	474)	-23	514)	-76	554)	-38	594)	8
355)	-15	395)	54	435)	-23	475)	-28	515)	-53	555)	-32	595)	35
356)	73	396)	-9	436)	-9	476)	-20	516)	3	556)	-65	596)	-23
357)	-13	397)	7	437)	-8	477)	8	517)	-18	557)	-71	597)	-62
358)	17	398)	-20	438)	-77	478)	-25	518)	26	558)	-39	598)	-28
359)	11	399)	17	439)	53	479)	26	519)	-20	559)	58	599)	-26
360)	14	400)	-22	440)	22	480)	-9	520)	34	560)	10	600)	20

Solutions - Math Everywhere

www.ingramcontent.com/pod-product-compliance
Lightning Source LLC
Chambersburg PA
CBHW080931220526
45465CB00008BA/3009